Die Hagelschläge

im

Kanton Aargau.

———

Die Hagelschläge

und ihre Abhängigkeit

von

Oberfläche und Bewaldung des Bodens

im

Kanton Aargau

nach

Beobachtungen des Forstpersonals und amtlichen Quellen

bearbeitet von

H. Riniker,

Oberförster, zur Zeit Nationalrath und Major im eidgenössischen Generalstab.

Mit 2 kartographischen Beilagen.

1881

Springer-Verlag Berlin Heidelberg GmbH

ISBN 978-3-662-24109-7   ISBN 978-3-662-26221-4 (eBook)
DOI 10.1007/978-3-662-26221-4

Softcover reprint of the hardcover 1st edition 1881

Additional material to this book can be downloaded from http://extras.springer.com

Vorwort.

Die vorliegende Arbeit ist das Ergebniss von Beobachtungen, welche von der Staatswirthschafts-Direktion in Auftrag gegeben, vom aargauischen Forstpersonal ausgeführt worden sind und welche den Zeitraum von 1870 bis 1880 umfassen, ja sogar noch weiter zurückreichen. Sie hat dem hohen Regierungsrath des Kantons Aargau vorgelegen und ist nach eingehender Prüfung für werth befunden worden, der Oeffentlichkeit übergeben zu werden.

Die bezügliche Schlussnahme lautet mit Weglassung der nicht hierher gehörigen Stellen:

„Vom Kanzleitisch zur Berathung gelangt der Vortrag des Staatswirthschafts-Direktors vom 12. September 1880 No. 926 betreffend den vom Oberforstamt über die Hagelschläge im Kantonsgebiet erstatteten, sehr umfangreichen Bericht. Die in demselben enthaltenen Beobachtungen, Schlüsse und Belehrungen lassen den Druck desselben als wünschenswerth erscheinen, damit durch Vertheilung der Broschüre an die Gemeinderäthe, Forstbeamten etc. dieselben zur allgemeinen Kenntniss gebracht werden können.

In Modifikation des gestellten Antrages wird mit Bezug hierauf

beschlossen:

1. Es bleibe dem Oberforstamt überlassen, für seine Arbeit über die Hagelschläge im Kanton Aargau den Verleger zu bestimmen.

2. Es seien seinerzeit 200 Exemplare der gedruckten Schrift anzukaufen und an die Behörden, Schulen und Vereine der betheiligten Gegenden zu vertheilen."

Unterschriften.

Ich übergebe die Arbeit der Oeffentlichkeit unter wärmster Dankesbezeugung gegen die hohe Behörde, welche deren Drucklegung so wesentlich gefördert hat sowie gegen das aargauische Forstpersonal, welches bei der Sammlung von Beobachtungsresultaten in so erfolgreicher Weise thätig war.

Aarau im October 1880.

Der Verfasser.

Inhaltsverzeichniss.

IV. Kapitel.

Theorie der Hagelbildung.

V. Kapitel.

Einleitung.

———

Die verhältnissmässig noch junge Wissenschaft der Meteorologie hat es sehr rasch dazu gebracht, die Erscheinungen der Atmosphäre in ihren grossen Zügen zu erklären und zu begründen. Sie weist die Verhältnisse der Jahreszeiten mit ihren speciellen Witterungserscheinungen nach, sie erklärt die Klimate, sie giebt die Vertheilung der Wärme in der Luft, in den Meeren und auf der Erde an. Sie erklärt die Bewegungen der Luft und des Meeres, sie behandelt die Dämpfe und die Niederschläge und sucht die elektrischen Erscheinungen zu erklären.

Alle diese Verhältnisse werden in der Regel in Zusammenfassung grosser Länderstriche, wie die nördliche Halbkugel der Erde, oder die Aequatorialgegend oder die gemässigte Zone oder die alte Welt oder Amerika behandelt und wird mehr im Grossen ein ziemlich richtiges Bild entworfen. Freilich scheint uns die Theorie über die Ursachen der barometrischen Schwankungen und die Fluktuationen der Temperatur keineswegs zuverlässig zu sein. Es scheint für unsere Breitegrade durchaus nicht ausreichend festgestellt zu sein, inwiefern die Schwankungen der Temperatur auf den Luftdruck und die Winde einwirken und inwiefern die Luftdruckschwankungen und in ihrem Gefolge die Winde die Temperatur und das Wetter beherrschen. Zur besseren Erklärung dieser Beziehungen scheinen uns die Elemente in kosmischen Verhältnissen zu liegen. Ebbe und Fluth der Atmosphäre, veranlasst durch die Anziehungskraft von Sonne und Mond, sind entschieden viel zu wenig studirt und in ihren gegenseitigen Beziehungen in Rechnung gebracht worden und sind doch sicherlich von grossem Einfluss auf Wind und Wetter. Diese Beiseitsetzung der periodischen Einflüsse von Sonne und Mond auf unsere Atmosphäre bei Beurtheilung der Witterungserscheinungen im Grossen hat ohne Zweifel ihren Antheil an der langsamen Entwickelung der Meteorologie in den letzten zwanzig Jahren.

Es ist aber noch ein anderer Factor, der mächtig auf die atmosphärischen Erscheinungen einwirkt und ganz en detail thätig ist — wenn dieser Ausdruck als Gegensatz zu den kosmischen Einflüssen erlaubt ist — darum nicht minder unsere Aufmerksamkeit verdient. Es sind dies die sogenannten lokalen Verhältnisse, welche neben den allgemeinen Witterungs-Verhältnissen einen bestimmenden Einfluss nehmen. Wir verstehen darunter nicht allein die hydrographischen und topographischen Verhältnisse eines ganzen Landes, sondern wir meinen sogar die speciellen Verhältnisse einer Thalschaft, ja sogar einer einzelnen Ortschaft. Beständig weist die Meteorologie auf die lokalen Einflüsse hin, welche den allgemeinen Witterungscharakter sehr stark modificiren; aber noch nie sind unseres Wissens diese Lokalverhältnisse für irgend eine Gegend wissenschaftlich behandelt worden. Und doch weiss über den gewöhnlichen Zug der Gewitter, über die Richtung, aus welcher in der Regel das Wetter herkommt, jeder Bauer in seinem Heimatorte Angaben zu machen, die oft nicht ohne wissenschaftlichen Werth sind. Es ist wohl wesentlich der Vernachlässigung des Studiums der lokalen Erscheinungsformen der Meteore zuzuschreiben, dass manche Erscheinungen der Gewitter, wie gerade die Hagelschläge, nicht befriedigend erklärt werden konnten. Man hat zwar eine grosse Zahl meteorologischer Stationen in den meisten civilisirten Ländern eingerichtet, die in mancher Hinsicht werthvolle Zahlen liefern. Aber die genaue Untersuchung und Prüfung aller lokalen Verhältnisse eines Beobachtungsgebietes nach Bodenconfiguration, Bewaldung, Freilage, Wasserläufen etc., im Zusammenhang mit Gewitterzügen, ist bisher vernachlässigt worden. Es liegt den Forstleuten ferne, astronomischen Fragen nachzuhängen und kosmische Einflüsse in den Bereich ihrer Combinationen zu ziehen; die Förderung dieser Wissenszweige müssen sie Andern überlassen. Dagegen haben sie treffliche Gelegenheit, den lokalen Witterungseinflüssen ihre Aufmerksamkeit zu leihen und sind deren vieljährige Beobachtungen über die lokalen Gewitter vielleicht nicht ohne Werth für die allgemeine Meteorologie. Die schweizerischen Forstleute sind in dieser Hinsicht in einer besonders günstigen Lage wegen der grossen Mannigfaltigkeit der lokalen Verhältnisse,

welche interessante Vergleichungs- und Differenzpunkte die Menge
darbieten und dadurch belehrend wirken. Auch sind die Raum-
verhältnisse oft beschränkt genug, um jedem Einzelnen noch volle
Uebersicht zu ermöglichen. Dabei treten doch die atmosphärischen
Erscheinungen auch im Grossen mit einer gewissen Eigenartigkeit
bei uns auf, welche zum Studium auffordert. So ist namentlich das Gebiet des schweizerischen Molasselandes zwischen Jura
und Alpen oft ein ganz eigenartiges Witterungstheater. Als Bei-
spiel citiren wir die anhaltende heftige Regenperiode im Juni 1876,
welche das ganze schweizerische Mittelland heimsuchte, namentlich
aber in der Ostschweiz jene unerlebten Ueberschwemmungen veranlasste, an deren Folgen der Kanton Zürich heute noch zu tragen
hat. Wir erinnern ferner an den Orkan vom 20./21. Februar
1879, der, aus Frankreich kommend, in abnehmender Heftigkeit
tobte und Süddeutschland nur unbedeutend berührte. Nach Mittheilungen der Observatorien soll es ein Cyclon gewesen sein, dessen
Centrum über Karlsruh hinzog, während dessen grösste Heftigkeit
auf dem südlichen Theil des Wirbels zwischen Jura und Alpen
sich zeigte. Derselbe hat an exponirten Stellen längs dem Südfusse
des Jura kolossale Verheerungen in den Wäldern und Obstgärten
angerichtet, während dem er im Jura selber nur unbedeutend
schadete. Weiter könnten eine Anzahl Gewitter angeführt werden,
die sich im gleichen Gebiete abspielten, im Uebrigen aber stark
von lokalen Verhältnissen beeinflusst waren.

Der Kanton Aargau umfasst nun freilich blos einen kleinen
Theil dieses schweizerischen Mittellandes, aber sein südlicher Theil
reicht doch vom Südfusse des Jura bis hart an die Abfälle des
Hochgebirges und wird dieser Theil von allen Meteoren berührt,
welche zwischen Jura und Alpen auftreten. Der nördliche Kantonstheil liegt im Kettenjura selbst und umfasst auch noch den
daran anstossenden interessanten Plateaujura und das Rheinthal
und bietet also ganz andere, aber darum nicht minder interessante
Verhältnisse, welche einer näheren Prüfung wohl würdig sind.

I. Kapitel.

Orographisches und Hydrographisches.

An der Küste des Mittelländischen Meeres bei Nizza steigt
das Alpengebirge in einer Breite von 20 geographischen Meilen
auf granitenem Sockel aus der Niederung empor zu einer Höhe
von mehr als 4000 m über Meer. Es verläuft erst nordwärts
und biegt dann mit dem Wallis allmählig nordostwärts um, verbreitet sich dann auf 30 und mehr Meilen und nimmt jenseits
der Schweizergrenze einen rein westöstlichen Verlauf.

Dieser gewaltige Wall rahmt das Bassin des Po mit seinem
oberitalienischen Tiefland im Norden und Westen völlig ein und
macht, einer vor den kalten Winden schützenden Mauer gleich,
jenes Tiefland zu dem üppigsten Treibbeet für allerlei Früchte.

Während dem auf der ganzen Südostseite der Alpen die verschiedenen Ausläufer direct oder indirect vom Hauptgebirge sich
abzweigen, erhebt sich auf der Nordwestseite bei Grenoble ein
eigener Gebirgszug aus der Tiefe, *der Jura,* und umspannt in
einem Viertelskreis die äussersten Ausläufer der Alpen nach Norden
an jener Stelle, wo das Hauptgebirge selber schon einen kleinen
Bogen macht. Diese Umspannung geht von Grenoble nach Be-
sançon, Basel und bis nach Schaffhausen und senkt sich dann in
die flacheren Donaugebiete hinab.

Zwischen dem Jura und den Ausläufern der Alpen liegt ein
circa 30—40 km breites Tiefland von 400—500 m Erhebung,
das vom Jura in schroffen Wänden von 1000 m und 1400 m
Höhe eingerahmt wird. Der Jura ist ein Kettengebirge, dessen
einzelne eng an einander gelegte Bergrücken von Südwest nach
Nordost verlaufen und welche gegen das Innere der Schweiz sehr

steil abfallen und fast keine Ausläufer haben. Die Wasser, welche nach Norden, Osten und Westen vom Centralgebirge des Gotthard herabfliessen, bilden beim Austritt aus den Alpenthälern die Schweizerseen: die Rhone den Leman, die Aare den Thuner- und Brienzersee, die Reuss den Vierwaldstättersee, die Linth oder Limmat den Zürichsee und der Rhein den Bodensee. Die Ausflüsse aus denselben gehen bis an den Jura und dann diesem entlang, die Rhone südwestwärts und die Aare nordostwärts. Der Rhein durchbricht das Juragebirge bei Schaffhausen und fliesst dann in jener Spalte zwischen diesem Gebirge und dem Schwarzwaldgranit westlich gen Basel. Die Limmat fliesst in nordwestlicher, die Reuss in nördlicher und die Aare in nordöstlicher Richtung, alle drei einzelne Juraausläufer durchbrechend, jener grossen tiefen Spalte im Plateaujura unterhalb Brugg zu, um sich dem Vater Rhein auf seiner Reise gen Basel beizugesellen. Von Basel abwärts bildet das Rheinthal zwischen Vogesen und Schwarzwald der kräftigste, gegen 5 Meilen breite Einschnitt in nördlicher Richtung auf der ganzen Nordgrenze der Schweiz. Er ist nur zu vergleichen mit dem südlich verlaufenden Saone- und Rhonethaleinschnitt, der sich unmittelbar an den Nordwestabfall des Jura und südlich Grenoble an die Westabhänge der Alpen legt. Dieser ist oben zwischen den Vogesen und dem Jura durch die Lücke von Belfort mit dem Rheinthal in Zusammenhang. In dieses gewaltige Thal, das direct von Norden nach Süden hinab zum Meere bei Marseille sich senkt, tritt die Rhone zwischen Jurafelsen bei Culoz hinaus und biegt bei Lyon dann in die südliche Hauptrichtung um.

Auf dem rechten Rhone- und Saone-Ufer erhebt sich das breite Gebirgsmassiv der Sevennen, von deren Westabhängen die Wasser bereits dem Golf von Biscaya zufliessen.

Die Hauptscheidewand zwischen den Ufern des Golfes von Lyon und denjenigen des Golfes von Gascogne bilden die Pyrenäen, welche die spanische Halbinsel im Norden abschliessen.

Das Flussgebiet der Rhone, welches in seinem höchsten Lauf von den Berner und Penninischen Alpen mit ihren Gletschern und ewigen Schneekuppen eingerahmt ist, wird am Genfersee, welcher den südwestlichen Abschluss des schweizerischen Molasseplateaus bildet, von mässigeren Bodenerhebungen eingegrenzt. Insbesondere ist dies der Fall am rechten Seeufer von Vevey bis Rolle, wo die Ufer ganz den Charakter des Hügellandes tragen, mit Ausnahme

des Jorat, welcher sich auf 1000 ^{m} über Meer erhebt. Zwischen
dem Jorat, oberhalb Lausanne und dem Jura liegt eine ziemlich
beträchtliche Bodeneinsenkung, welche dem Gebiete des kleinen
Flüsschens Venoge sowie einigen andern Bächen Raum giebt, die
sich in den Genfersee ergiessen. Aber schon 15 ^{km} nördlich
treffen wir auf die Wasserscheide des Aaregebietes resp. der
eigentlichen Juragewässer, welche im Jorat bis auf 7 ^{km} an den
See herantritt. Von der Linie Jorat, La Sarraz, Mont Buffet
nordöstlich fliessen alle Gewässer des Molasselandes entweder dem
grossen Wasserbecken des Neuenburger-, Murtener- und Bielersees
zu, welches mit der Ziel in die Aare mündet oder aber sie fliessen
ganz direkt der Saane und Aare zu. Von der Höhe des Jorat
fällt das Terrain beständig jener grossen Thalfurche zu, welche
sich am Südostfusse des Jura hinzieht und alle Wasser, gesammelt
in der Aare, jener grossen Juraspalte zwischen Brugg und Waldshut
zuführt, um sie mit dem Rheine zu vereinigen.

Der Charakter dieses Hügellandes ist überall derselbe; es fällt
in immer sanfter werdenden Bergformen von den Alpen gegen die
Thalsohle am Fusse des Jura. Es wird von zahlreichen Bach-
und Flusseinschnitten durchfurcht, welche in die Aare münden.
Der Kettenjura, welcher die Gewässer links mit seinen schroffen
Wänden begleitet, lässt nur an drei Stellen seine eigenen Gewässer
heraustreten, nämlich bei Neuenburg, bei Biel und bei Oensingen,
sonst sendet er alle Wasser nordwärts.

Eine Ausnahme vom Charakter des Molasselandes bildet die,
demselben angehörende Berggruppe des Napf. Dieses Bergmassiv
legt zwischen Bern und Luzern sich unmittelbar nördlich an die
Abfälle der Alpen an, zwischen sich und diesen das grosse und
kleine Emmenthal lassend und springt nordwärts bis auf 25 ^{km}
Abstand vom Jura vor. Es bildet eine 1408 ^{m} hohe Kuppe, von der
zahlreiche Ausläufer nach allen Richtungen ausziehen und zusammen
einen gewaltigen rundlichen Gebirgsstock bilden. Oestlich vom
Napf, in den Kantonen Aargau und Luzern, verbreitert sich dann
das Hügelland zwischen Jura und Alpen wieder auf 45 ^{km} und
fast ganz parallele Thäler durchschneiden von Süden gegen Norden
das Molasseland und treffen fast senkrecht auf die Aare. Es sind
dies das Thal der Roth, das Thal der Pfaffnern, das Wiggerthal,
das Suhrenthal, das Wynenthal, das Aathal und das Bünzthal.
Dann folgt östlich der letzte und grösste Einschnitt von Süden

nach Norden, nämlich derjenige des Reussthales. Er verbindet das Becken des Vierwaldstättersees mit dem Aarethal bei Brugg und dem Rheinthal bei Waldshut. Weiter östlich treffen die Wasser der Limmat mehr von Südosten her bei Brugg ein. Die in gleicher Richtung fliessende Glatt und Töss gehen direkt in den Rhein, ebenso die ostwestlich und dem Rhein parallel fliessende Thur.

Für das Molasseland der Kantone Aargau und Luzern sind von besonderer Bedeutung die grossen Becken des Sempachersees und Wauwyler-Mooses 470 m über Meer und die beiden Becken des Baldegger- und Hallwylersees 450 m über Meer. Aus dem ersteren, welches sich auch südwestlich gegen den Nordfuss des Napf öffnet, nährt sich die Suhre und theilweise die Wigger und aus dem letzteren fliesst die Aa. Man vergleiche nun die beigefügte Karte (Beilage I).

Nördlich vom Sempachersee, zwischen diesem und dem Aarethal, und ungefähr auf gleicher Höhe mit dem Hallwyler- und Baldeggersee legen sich verhältnissmässig hohe Berge zwischen die einzelnen Flussthäler, während dem weiter nordwärts und weiter südlich die Wasserscheiden wesentlich niedriger sind. Es sind dies der Ebnet zwischen dem mittleren Wigger- und Suhrenthal, 710—767 m hoch, der Schiltwald und der Sternberg, 869 und 874 m hoch, zwischen dem Suhren- und Wynenthal; der Homberg, 791 m hoch, zwischen dem Wynenthal und dem Hallwylersee und endlich der höchste und längste von allen, der Lindenberg, 900 m hoch, zwischen dem Seethal und dem Reuss- und Bünzthal.

Durch diese Bergreihe und ihre niedrigeren südlichen und nördlichen Ausläufer wird das Molasseplateau in eine südliche und nördliche Niederung getheilt, denen sich auch die Hauptluftströme zuwenden. Die Gebirgsart dieser Gebiete gehört, wie bereits erwähnt, der Molasseformation und zwar der unteren Süsswassermolasse, freilich in beschränktem Maasse, dann aber der Meeresmolasse und der oberen Süsswassermolasse an. Diese bestehen aus Sandsteinen verschiedener Härte und Zusammensetzung, aus Sand-, Lehm- und Kies- oder Nagelfluhbänken. Die Thäler sind meist breit und eben und die Hänge von rundlichen sanften Formen mit zahlreichen Seitenthälern, deren unterste Theile gerade am steilsten sind. Diesen Charakter zeigen vorzugsweise das Wynen-, Suhren- und Wiggerthal. Wesentlich modificirt ist

dieser Charakter des Molasselandes im oberen Wynenthal, im Seethal, Bünz- und Reussthal, wo die Einhänge der Berge und die
Thalsohlen mit mächtigen Kieslagern überdeckt sind und wo die
Seitenthalbildung durchaus fehlt. In allen drei genannten Thälern,
besonders aber im Reuss- und theilweise im Bünz- und Seethal,
zeigen die Hänge eine gleichmässige Entwickelung mit terrassen-
förmiger Steigung. Der wallähnlich vorkommende Kies zeigt,
gleich wie der ganze Charakter der Thäler noch sehr deutlich die
Spuren des einst vorhandenen Gletschers, dessen Ausdehnung die
zahllosen End- und Seitenmoränen angeben.

Gut bewaldet und vorzugsweise mit Nadelholz bestockt sind
die Höhen zwischen dem Roth- und Wiggerthal gegen die Aare
hin, während dem die Bewaldung im oberen Theil gegen das
Wauwyler-Moos hin sehr lückig und schwach wird. Auch zwischen
dem Wigger- und Suhrenthal ist sie im unteren Theil gut und
meist in Hochwald bestehend, während dem sie im oberen Theile
gegen das Wauwyler-Moos hin und um den Sempachersee herum
ungenügend wird.

Schon weniger zusammenhängend ist die Bewaldung zwischen
dem Suhren- und Wynenthal. Ganz ungenügend ist sie aber in
der Umgebung des Hallwyler- und Baldeggersees und besonders
am Westhange des Lindenberges. Sehr waldarm ist dann auch
die Sohle des Bünzthales und des Reussthales. Auch das Aarethal zeigt neben grossen Waldflächen wieder viele waldfreie
Stellen.

In dem zwischen Aare und Rhein gelegenen Gebiet unterscheiden wir den Kettenjura und den Plateaujura. Ersterer charakterisirt sich durch die wilden, zackigen Kämme, die tiefen Längs-
thäler, die engen Querthäler und Schluchten, die in der Hauptrichtung von Südwesten nach Nordosten auf einander folgen und
einzelne Ausläufer auf's rechte Aarufer entsenden wir z. B. bei
Aarburg, bei Wildegg und bei Schinznach. Insbesondere haben
die Lomontkette im Lägern und die Kette der Gyslifluh im Kestenberg mächtige Fortsätze in's Molasseland hinaus. Die Ketten erheben sich zu einer Meereshöhe von 963 ^{m} in der Geissfluh und
halten eine mittlere Höhe von circa 800 ^{m}.

Nordwärts von einer Linie, die man sich durch die Ortschaften
Brugg und Wölflinswyl gelegt denkt, beginnt der Plateaujura, in

welchem die Schichten entweder horizontal oder doch nur mit geringer Neigung gelagert sind. Breite Hochplateaus mit meist schmalen, aber tiefen Thaleinschnitten charakterisiren die Partien der oberen Juraformation und sanfte wellige Formen mit breiten Thälern zeichnen die Gebiete der unteren Juraformation und des Keupers aus. Längs dem Rheine treten dann die etwas wilderen Plateaus des Muschelkalkes auf. Die Plateaus der Trias und des braunen Jura erheben sich nicht viel über 500—550 ^{m}, während dem die südlicher gelegenen Plateaus des weissen Jura sich schon auf 600—700 ^{m} erheben.

In diesem Plateaujura, der sich mit gleichem Charakter in den benachbarten Kanton Baselland hinüberzieht, sind eingesenkt das Ergolzthal und das Flussgebiet der Sisseln, welche nebeneinander in nordwestlicher Richtung von den Hängen des Jura herab in den Rhein verlaufen. Zwischen beiden fliessen der Möhlinbach und der Magdenerbach, sowie einige kleinere Bäche östlich.

Nahe der Einmündung der Aare in den Rhein setzt der Plateaujura mit der Trias über die Aare und zieht sich bei Zurzach über den Rhein gegen den Randen fort. Wichtig sind dort die grossen Plateaus von Siggenthal, zwischen dem Limmat- und Surbthal und das Plateau zwischen letzterem und dem Rheinthal. Beide sind gut bewaldet und erheben sich auf circa 600 ^{m}. Das Rheinthal ist von Kaiserstuhl bis Säckingen sehr eng und lässt stellenweise blos Raum für den Fluss und die Strasse, während dem sich dasselbe unterhalb Säckingen gegen Basel hin ziemlich erweitert. Der Kettenjura ist meist gut bewaldet. Im Plateaujura hingegen unterscheidet man unmittelbar am Kettenjura die waldarme Zone des unteren weissen Jura über Wölflinswyl, Herznach, Zeihen und den Bözberg und sodann die waldarme Zone des Lias und der Trias über Wegenstetten, Schupfart und Frick gegen Sulz, worauf später noch specieller eingetreten werden wird.

II. Kapitel.

Wind- und Wetterzüge.

A. Allgemeines.

Die allgemeine Situation der Witterungsverhältnisse für die Schweiz ist nun folgende:

In der tropischen und subtropischen Zone, aber auch in noch nördlicheren Breiten verdunstet unter der Einwirkung der Sonnenstrahlen eine Menge Wasser, theils auf dem Meere und theils auf dem mit Vegetation bedeckten Festland.

Die erwärmte und mit Wasserdampf gesättigte Luft erhebt sich in die Höhe und streicht dort allmählig nach beiden Polen hin ab, während dem sie unten wieder ersetzt wird durch die, mit den Nordost- und Südostpassatwinden von Norden und Süden herbeiströmende kältere und trockenere Luft. Die heisse Luft am Aequator hat die Rotationsgeschwindigkeit der umdrehenden Erde und da sie im Abfliessen nach Norden auf Punkte der Oberfläche gelangt, welche eine kleinere Geschwindigkeit haben als die Aequatorialtheile, so entsteht eine Strömung von West nach Ost, die sich durch die Bewegung nach Nord in eine solche von Südwest nach Nordost umsetzt.

Da diese Luft im Vordringen nach Norden sich abkühlt, schwerer wird und sinkt, so berührt sie in der Regel schon in Frankreich und der Schweiz die Erdoberfläche und streicht auf derselben weiter. Da aber mit dem Sinken der Temperatur auch das Sättigungsvermögen mit Wasserdampf abnimmt, so scheidet sich in diesen Strömungen Wasser als Nebel oder Wolken aus oder entstehen gar Regen und Schnee. Der Südwestwind ist daher unser Regen- oder Schneewind. Derselbe ist der am

meisten und am regelmässigsten wehende Wind. Er wird hie
und da abgelöst durch den Ostwind, die Bise, welche in entgegengesetzter Richtung weht.

Die vom Nordpol her auf der Erde nach Süden abfliessende
kalte, schwere Luft hat ursprünglich eine rein nordsüdliche Richtung. Je mehr sie aber auf südliche Breiten trifft, welche eine
grössere Rotationsgeschwindigkeit haben, desto mehr bleibt sie hinter
der Oberfläche zurück und es entsteht daher der Eindruck einer
Strömung von Ost nach West oder in Folge der Bewegung nach
Süden eine solche von Nordost nach Südwest. Diese Winde wehen
besonders constant gegen den Aequator hin und heissen Nordost-
Passat- und auf der südlichen Hemisphäre Südost-Passat-Winde.

Sie kommen mit sehr niedriger Temperatur aus den Steppen
Sibiriens und über das wasserarme Russland daher, erwärmen
sich zwar allmählig, sättigen sich aber nicht mit Feuchtigkeit.
Sie sind daher trockene kühle Winde und bringen uns schönes
Wetter resp. kalt und trocken im Winter.

Beide Winde streichen in unseren Breiten oft nebeneinander,
oft übereinander und machen sich stets die Herrschaft streitig.

Es giebt dann noch eine dritte Art Wind in der Schweiz, der
sogenannte Föhn. Dieser weht meistens in südnördlicher Richtung
und steigt mit ungeheurer Wucht von den Gipfeln der Alpen
durch die verschiedenen Thäler hinab gegen die nördlich gelegene
Hochebene. Je nach dem Verlauf der Thäler strömt der Föhn in
nördlicher Richtung wie durch das Reuss- und Linththal oder in
nordwestlicher Richtung wie durch das Haslithal oder in nordöstlicher Richtung durch das Rheinthal und das Engadin. Die
heisse und meist auch ziemlich trockene Luft, welche aus dem
Kessel des Pothales zwischen den Apenninen und den Alpen aufsteigt, hat, wenn nördlich der Alpen eine starke Depression stattfindet, die Tendenz, nach Norden abzufliessen. Sie kommt dann in
die Nähe der schneebedeckten vereisten Häupter des Urgebirges
um den Gotthard, kühlt sich etwas ab, immerhin unter Aufnahme
von Feuchtigkeit in Form von Dampf und rollt dann, schwerer
und dichter geworden, in den verschiedenen, mit leichterer und
warmer Luft gefüllten Thälern hinab und verursacht dort jene so
gefürchtete Periode, wo tagelang kein Feuer angemacht werden darf.

Eine ähnliche Rolle wie der Föhn in der Schweiz spielt ein
reiner Südwind, welcher im Norden Böhmens über die Gipfel des

Erzgebirges hereinbricht und dort schon starke Verheerungen in den Fichtenwäldern veranlasst hat. Es ist die heisse Luft, welche sich in Böhmens Thalkessel erhebt und mit Macht nordwärts ausweicht. Freilich ist die Abkühlung in der Höhe nicht so bedeutend und daher auch der Druck nicht so gross wie beim Föhn.

Es ist nun eine bekannte Thatsache und sie ist beim Föhn bereits constatirt worden, dass nämlich die Luftströmungen in ihrem allgemeinen und normalen Zuge Ablenkungen erleiden durch die Unebenheiten des Bodens, durch Berge und Thäler. So wird z. B. die Luftströmung, welche vom Aequator herkommt und sich in einer nördlichen Breite von 35 Grad bereits der Erdoberfläche nähert, vom Cap St. Vincent an der Südspitze von Portugal, getheilt in einen Hauptstrom, der längs der Küste nordwärts streicht und in einen andern, der durch die Meerenge von Gibraltar in's Mittelmeer eintritt und dort längs der spanischen Küste nordwärts streicht. Freilich streicht oft auch der grösste Theil über die pyrenäische Halbinsel hinweg, überschreitet die Pyrenäen und fällt in's Languedoc hinunter, um das Rhonethal hinauf zu eilen, vereint mit dem Strom, der längs der Ostküste von Spanien gekommen und sich über den Golf von Lyon in's Rhonethal geworfen hat. Der Strom längs der portugiesischen Küste biegt beim Cap Finisterre um und wirft sich über den Meerbusen von Biscaya nach Frankreich. Oft steigt ein Zweig dieses Stromes das Dordognethal hinauf und wirft sich südlich des Cantal und Mont Dore hindurch über Lyon und Genf in die Schweiz. Sicher ist, dass stets ein Theil des Stromes, der durch das Rhonethal hinaufsteigt, sich von Valence her, über Voiron, Grenoble und Chambéry in's Becken des Genfersees und in die Mittelschweiz wirft. Der andere Zweig steigt das Saonethal hinauf und fällt rechts durch die Lücke von Belfort in's Rheinthal. Dort spaltet sich dieser Zweig wieder an den Köpfen des Schwarzwaldes bei Basel und der eine Theil steigt in rein östlicher Richtung das Rheinthal hinauf gegen Rheinfelden, Laufenburg und Frick und wird dort tonangebend für die Witterung.

Selbstverständlich wird hier nur von Hauptströmen gesprochen und weht der Südwestwind auch auf dem Jura und auf den Alpen und bedeckt oft dieselbe Strömung die ganze Schweiz. Seine grösste Intensität aber hat der Südwest auf den bezeichneten Routen.

Wir wissen nun aus der Regenkarte, dass der Südwestwind schon

an den Küsten von Afrika von Portugal und Spanien viel Feuchtigkeit als Regen zurücklässt und dass er auch Südfrankreich noch
reichlich tränkt, so dass seine Sättigung im Rhonethal oft lange
nicht mehr vorhanden ist. Andererseits aber streichen die Südwestwinde über bedeutende Flächen mit starker Verdunstung. So
z. B. ist das wasserreiche Rhonethal an sich schon eine Dunst-
quelle von Bedeutung. Dann aber geben die Seen von Bourget,
von Annecy, ganz besonders aber die enorme Wasserfläche des
Genfersees viel Wasserdampf ab. Wenige Kilometer vom Genfersee nordwärts liegt das grosse Becken der Juraseen, Neuenburger-,
Bieler- und Murtener-See, welche mit den sumpfigen Niederungen,
die sie umgeben, mindestens so viel Wasser verdunsten, als der
Genfersee. *Wir dürfen daher die Becken des Genfer- und Neuen-
burgersees mit ihren Nebenwassern als sehr wesentliche Quellen
der atmosphärischen Feuchtigkeit in der Schweiz und in Folge
dessen der Niederschläge ansehen und liegt darin eine gewisse
Eigenartigkeit der schweizerischen Witterungsverhältnisse begründet.* Wenn man überdies bedenkt, dass der Genfer- und Neuen-
burgersee längs dem Jura und zwischen diesem und den Alpen
in jener schmalen Niederung liegen und dass die benachbarten
waldigen Jurahöhen eine baldige Ausscheidung des hinaufgestiegenen
Wasserdampfes bewirken können, so leuchtet die Rolle jener Seebecken bei der Wolkenbildung erst recht ein. Die Luftmassen
nun, welche über jene Wasserbecken streichen, behalten ihre nordöstliche Richtung längs dem Jura bei und treffen auf der Linie
St. Urban Olten auf die Grenze unseres Kantons Aargau. Man
könnte sich nun fragen, ob denn wirklich nachweisbar die Wolkenmassen diesen Weg nehmen oder ob sie nicht unbekümmert um
die Art der Bodenoberfläche hoch oben ihre besonderen Wege ver-
folgten. Hierauf muss nun bemerkt werden, dass von der mittleren Höhe der Aarethalsohle resp. vom Niveau des Neuenburger-
sees, welches die Quote 400 ^{m} hat, bis zu den Spitzen des Jura,
circa 1000 ^{m} über Meer, ein Raum von 600 ^{m} Höhe liegt, welcher
denn doch schon einer bedeutenden Luftmasse Platz giebt. Es
lehrt übrigens die tägliche Beobachtung, dass eine grosse Menge
von Gewittern tiefer als die Jurakämme und an diese angelehnt
verlaufen. Jedes Frühjahr kann man täglich eine grosse Zahl
von Regenschauern oder kleineren Gewittern in $^{3}/_{4}$ Höhe des Jura
entstehen und nordostwärts gegen unseren Kanton sich bewegen

sehen. Wir sagen daher, eine grosse Zahl von Regenschauern und kleinen Gewittern steht nicht mehr als 400 ^{m} über dem Boden. Grosse allgemeine Gewitter stehen auch oft über dem Jura und zwar noch um 100 bis 200 bis 300 ^{m} und sind weniger an den Zug des Jura gebunden. Gleichwohl ist dieser Gebirgszug vom wesentlichsten Einfluss auch auf diese Gewitter, wie wir noch sehen werden. Auf der Grenzlinie des Kantons Aargau von St. Urban bis Olten, die dort grösstentheils von der Aare gebildet wird, legt sich nun ein eigenthümlicher Berg vor die weite Thalöffnung. Es ist der Born, dessen Kuppe ein halbes Gewölbe vom weissen Jura ist, das nach Norden sanft in die Tiefe steigt und nach Osten und Süden gegen die Aare angebrochen ist. Der Fuss hat die Quote 408 ^{m} und der Gipfel diejenige von 734 ^{m}. Nördlich von diesem 2 ^{km} breiten Berg ist gegen den geographischen Jura hin eine 2—3 ^{km} breite Thalöffnung längs seinen Hängen gegen Olten und das untere Aarethal. Auf der Südseite findet sich zwischen dem Born und den blos zu 490 ^{m} ansteigenden Molassehügeln bei Niederwyl eine ebenfalls 2—3 ^{km} breite Oeffnung gegen Aarburg, Oftringen und Safenwyl östlich hin. Zugleich verläuft von Aarburg an südlich das 4 ^{km} breite Wiggerthal. Durch den Born, der als Wetterscheide in der ganzen Gegend bekannt ist, entstehen zwei Einfallsthore in unsern Kanton, nördlich durch das Aarethal der Centralbahn und der Aarestrasse nach und südlich über Oftringen und Safenwyl der Nationalbahn und der alten Bernstrasse nach durch jenen auf der Sohle unbewaldeten Thaleinschnitt, welcher das Wiggerthal mit dem Suhrenthal verbindet. Die Wolken und Luftmassen, welche weiter südlich längs den Abhängen des Napf streichen, treffen dann im Kanton Luzern auf das alte Seebecken des Wauwyler-Mooses und auf den Sempachersee mit der moorigen Thalebene des Suhrenthales nördlich von Sursee. Es ist einleuchtend, dass die Luftmassen über diesen See- und Moorgründen im Sommer schon stark mit Wasserdampf geschwängert sind und dass die Südwestwinde, welche darüber streichen, ihren eigenen Sättigungsgrad noch erhöhen.

Von Sursee ab nehmen die Hauptluftströmungen den Weg nordöstlich über das niedrige, waldlose Plateau von Tann und Gunzwyl gen Rikenbach und Münster, indem sie die bedeutenden Höhen von Schiltwald und den Sternberg, welche die Quote 852 und 874 ^{m} haben, südlich umgehen. Hier an der Südspitze des Sternberges auf dem Plateau, 650 ᵐ über Meer, angelangt, stürzen sie sich mit Macht in das tief eingeschnittene Thal der Wyna bei Menziken und Reinach hinab, dessen Sohle die Quote 540 ᵐ hat und fliessen nordwärts ab oder werfen sich durch die Lücke von Beinwyl auf die wiederum 100 ᵐ tiefer liegende Fläche des Hallwylersees. Selbstverständlich ist jeweilen die Luftströmung eine allgemeine und werden vom Jura bis zu dieser südlichen Spitze des Kantons beim Sternberg auf allen intermediären Punkten Thäler und Höhen überschritten, gleich wie dies noch südlicher im Kanton Luzern der Fall ist, wo die Luftmassen, welche über den Sempachersee streichen, sich über die Höhen von Neudorf nach dem Baldeggersee wenden und dort bei Müsswangen den Lindenberg zu überschreiten suchen, um in's Reussthal zu gelangen. Gerade dieser letztere Strom ist für die vorliegende Frage von der grössten Wichtigkeit und werden wir später noch darauf zurückkommen.

Noch südlicher als in der Richtung über den Sempacher- und Baldeggersee ergiesst sich von Bern her durch den tiefen Einschnitt südlich des Napf durch das obere Emmenthal und Entlebuch über Rothenburg und Ballwyl oft ein Luftstrom an der Südspitze des Lindenberges vorbei über Abtwyl und Fenkrieden in's tiefe Reussthal, welcher grosse Bedeutung hat und noch einen Theil des Gebietes des Kantons Aargau berührt.

Damit wären nun die Haupteinfallsthore der Luftströme und damit auch der sie begleitenden Witterungserscheinungen in unsern Kanton südlich des Juragebirges genannt und bleibt uns noch übrig, kurz der Wetterlöcher im Jura selbst zu gedenken.

Wir haben bereits erwähnt, dass bei Basel ein Zweig des Luftstromes, welcher durch die Lücke bei Belfort zwischen dem Jura und den Vogesen hereinkommt, das Rheinthal hinaufsteige. Dieser Strom wirft sich in ziemlich breiter Front zwischen den Höhen des Schwarzwaldes und den nördlichen Ausläufern des Jura hindurch über das Bruderholz und Gempenplateau gegen Osten. Ein Theil wählt nördlich das zuerst breitere, dann engere Rheinthal und ein anderer Theil wählt das Ergolzthal, aus welchem er sich zahlreiche Wege sucht gegen das anstossende aargauische Gebiet, das Frickthal.

Diese Wege sind in der Hauptsache folgende:

1. von Frenkendorf über Arisdorf und Olsberg nach Magden
2. von Sissach über Wintersingen und Maisprach nach Zeiningen,
3. von Gelterkinden über Ormalingen nach Wegenstetten, und
4. von Rothenfluh über Anwyl oder den Lindberg gegen Wölflinswyl und Wittnau.

In der Gegend von Frik gilt der Thiersteinberg, der sich auf 750 m erhebt, als eine bedeutende Wetterscheide und sei derselbe im Stande, Gewitter längere Zeit völlig zu stauen und über Wegenstetten festzuhalten.

Der Jura zwischen Aarau und Wölflinswyl zeichnet sich vorzugsweise dadurch aus, dass er die Wolkenbildung und Dunstausscheidung befördert und dass von seinen Höhen herab oft lokale Gewitter sich ergiessen.

B. Der Sturm vom 20./21. Februar des Jahres 1879.

Französischen Zeitungen hat man entnehmen können, dass am 20. Februar Nachmittags ein förmlicher Orkan vom Golf von Biscaya her die Gascogne, die Guienne, die Auvergne und das Lionais in der Richtung auf die Schweizergrenze zu durchtobte und an Wäldern und Obstbäumen enormen Schaden anrichtete.

In Genf betrat der Sturm das Schweizergebiet etwas nach 6 Uhr Abends und schon um 9 Uhr warf er sich auf die Grenze des Kantons Aargau und des Kantons Luzern auf der Linie Hutwyl-Olten in jenem 25 km breiten Interval zwischen der Gebirgsmasse des Napf 1408 m und dem Jura circa 1000 m Meereshöhe. Wenig nach 10 Uhr raste er schon in Muri und Baden an der Ostgrenze des Kantons und um 12 bis 1 Uhr war seine Heftigkeit zum ungefährlichen Winde herabgemildert. In Südfrankreich musste er demnach eine Geschwindigkeit von 100 km oder 21 Stunden per Stunde und in der Schweiz noch circa 70 km oder 15 Stunden per Stunde gehabt haben. Aus den schweizerischen Zeitungsberichten ist zu entnehmen, dass der Sturm vorzugsweise in der Niederung längs dem Südabhange des Jura gewüthet hat, nicht eigentlich in dieses Gebirge eingetreten ist und dass nur die tieferen Partien, des gegen die Alpen ansteigenden Molasseplateau, verheert worden sind. Seine Heftigkeit hat offenbar mit seinem Fortschreiten abgenommen und ist der östliche Theil der Schweiz weit weniger beschädigt worden, als die Kantone Waadt, Freiburg und Bern und die westlichen Theile des Aargau. Aus den, auf dem Oberforstamt eingegangenen Berichten der Kreisforstämter ergiebt es sich, dass der Schaden des Sturmes an den Wäldern im Aargauerjura, in den Bezirken Rheinfelden und Laufenburg am Rhein und im Bezirk Brugg, linkes Aarufer, höchst unbedeutend war und keineswegs den Charakter einer ausserordentlichen Erscheinung trug.

In den Tannenwäldern des Staates an den Ufern des Rheins, die circa 345 ha ausmachen, fielen blos 180 Fm. vom Winde und aus den Gemeinden liefen gar keine Anzeigen ein.

Am heftigsten war der Anprall des, mit der doppelten Geschwindigkeit eines Bahnzuges daher brausenden Luftstromes in den vielfach überalten Tannenwäldern des Bezirks und besonders der Stadt Zofingen.

Die Haupteinbruchstelle in unseren Kanton lag südlich vom Born in der Richtung von Aarwangen und Langenthal her und es ergoss sich der Sturm über die Gemeindewälder zwischen der Wigger und der Roth, die er stark heimsuchte. Besonders sind es der Weissenberg bei Strengelbach, der Kapf, die Wälder bei Brittnau und der Boowald bei Balzenwyl, welche enorm gelitten haben. Es haben verloren:

Roggwyl	360 ha	Waldung,	5000	Stämme	mit	4500 Fm.
Ryken	157 -	-	650	-	-	550 -
Brittnau	452 -	-	6500	-	-	6300 -
Vordemwald	104 -	-	1100	-	-	950 -
Strengelbach	175 -	-	1240	-	-	860 -
Niederwyl	200 -	-	1200	-	-	1100 -
Zofingen	1400 -	-	18000	-	-	43200 -
	2848 ha	Waldg.,	33690	Stämme	mit	57410 Fm.
per 100 -		-	1180	-	-	2000 -

Mit geringerer Heftigkeit wüthete der Sturm in den Wäldern von

Aarburg	246 ha	780	Stämme	mit	672 Fm.	
Oftringen	270 -	1600	-	-	1400 -	
Safenwyl	204 -	329	-	-	453 -	
Kölliken	315 -	1400	-	-	2600 -	
Muhen	183 -	245	-	-	503 -	
O.-Entfelden	289 -	800	-	-	800 -	

Im Durchschnitt per 100 ha 342 Stämme mit 426 Fm.

und bestätigt sich hiermit doch die Behauptung, dass über diese Ortschaften hinweg ein Hauptstrom in jener Thalsenkung sich ergiesse. Eine südliche Uebergangsstelle vom Riedthal über Zofingen gegen Botenwyl in's Uerkethal ist noch durch einen starken Windbruch in den Wäldern von Zofingen und Botenwyl 173 ha 1500 Stämme mit 610 Fm. bezeichnet. Die südwärts gelegenen Gemeinden und besonders Gränichen, Hirschthal, Gontenschwyl mit bedeutendem Nadelholzbesitz hatten sehr wenig Windfall aufzuweisen. Sie hatten

Reitnau	159 ha	175 Stämme mit 185 Fm.	
Gontenschwyl	152 -	170 -	125 -
Unter-Kulm	102 -	40 -	67 -
Attelwyl	29 -	114 -	45 -
Moosleerau	39 -	6 -	6 -
Schmidrued	87 -	33 -	38 -
Kirchleerau	101 -	45 -	44 -
Staffelbach	69 -	25 -	50 -
Schlossrued	49 -	5 -	3 -
Wittwyl	88 -	8 -	9 -
Schöftland	170 -	63 -	90 -
Uerkheim	156 -	70 -	100 -
Hirschthal	145 -	30 -	25 -
Holziken	100 -	200 -	300 -

Im Durchschnitt per 100 ha   64 Stämme mit 70 Fm. Windfall.

Der Effekt des Sturmes beträgt also hier blos den sechsten Theil gegenüber den genannten Hauptpassagen und kaum $\frac{1}{20}$ von der Wirkung in den allerdings sehr überstandenen und lückigen Wäldern von Zofingen. Wir geben nun ganz gerne zu, dass der Windbruch nicht ein ganz richtiger Maassstab für die Intensität des Windes abgiebt, da Lage, Boden und Zustand des Waldes nach Holzarten, Mischung und Alter eben auch stark auf den Windbruch influenziren. Wo man aber grössere Durchschnitte aus verschiedenen Gemeinden ziehen kann, wie dies hier der Fall ist, da verbessert sich doch mancher Fehler und gewinnen die Windbruchzahlen an Bedeutung. Jedenfalls kann darin doch wenigstens ein Beweis für die Anpassung der Luftströmungen an das Terrain im Sinne der weiter oben gegebenen Wegleitungen gefunden werden. Der Luftstrom nun, welcher theils von Safenwyl und theils weiter von Süden her durch das Suhrenthal hinabfloss, erlitt an der vorstehenden Bergnase des Suhrerkopf eine Stauung, die um so wirkungsvoller sein musste, als beim Dorfe Unter-Entfelden in jener offenen Feldmulde ein förmlicher Windsack sich findet, eingerahmt auf der West-, Nord- und Ostseite von älterem und jüngerem Tannenwald. Ein Theil des Stromes ist nun freilich längs dem Suhrerkopf ostwärts ausgebogen in der Richtung gegen Hunzenschwyl und Lenzburg, aber ein Theil hat sich nordwärts durch den alten, bereits mehrere Windbrüche aufweisenden Tannenwald der Stadt Aarau östlich der Distelbergstrasse auf einer Einsattelung durchgebrochen und hat dorten auf einer kleinen Stelle nicht weniger als 670 Stämme mit 1010 Fm. Inhalt theils geworfen und theils abgebrochen in 5—10 ^{m} Höhe über dem Boden.

Aber auch durch das Aarethal nördlich dem Born von Olten her ist ein sehr starker Windstrom längs dem Jura dahingebraust. Er hat in den Wäldern von Erlinsbach und Küttigen auf Buch auf dem linken Aarufer rund 600 Stämme mit 415 Fm. geworfen und noch einen, freilich kleinen Schaden in den Wäldern von Auenstein und Möriken am Südhange des Jura gethan. Viel kräftiger war seine Wirkung in der Thalsohle auf dem rechten Ufer im Suhrhard, Lenzhard und Brand nördlich von Othmarsingen, wo die Gemeinden folgende Einbussen machten:

Suhr im Suhrhard und Oberholz	370 ^{ha}	545 Stämme	650 Fm.
Buchs - -	142 -	74 -	74 -
Rohr - -	77 -	9 -	4 -
Hunzenschwyl - -	60 -	61 -	20 -
Rupperswyl im Lenzhard	133 -	205 -	158 -
Lenzburg -	150 -	1611 -	2996 -
Niederlenz -	42 -	29 -	32 -
Schafisheim -	57 -	16 -	11 -
Staufen -	20 -	267 -	103 -
Othmarsingen im Brand	20 -	500 -	626 -

Summa 1071 ^{ha} 3317 Stämme 4674 Fm.
per 100 ^{ha} 332 Stämme mit 467 Fm.

Ein etwas schwächerer Strom, von Bottenwyl her und das Uerkethal hinunter kommend, ist über Schöftland nach Oberkulm, Leutwyl und Dürrenaesch nach Seengen und Egliswyl geflossen und hat sich durch die Thalspalte von Ammerswyl und über

2*

Dintiken in's Bünzthal ergossen, überall Spuren seiner Verwüstung zurücklassend.

Nordwärts des Kestenberges bei Wildegg hindurch hat sich vom östlich verlaufenden Hauptstrom offenbar nur ein sehr kleiner Strom abgezweigt. Wenigstens ist der Schaden in jenem Dreieck zwischen Reuss und Aare bei Brugg fast null. Dagegen hat die Strömung, welche längs dem Kestenberg an Braunegg vorbeistrich, jenseits der Reuss bei Birmenstorf und Baden, wo sie das enge Thal von Dätwyl gegen das Limmatthal und die Südlehne der Lägern passirte, in den dort anstossenden Tannenwäldern über 100 Stämme geworfen. Zu erwähnen bleibt hier noch, dass der Strom, welcher sich aus breiter Front zum Defilée von Windisch und Turgi hinauspressen musste, an der gegenüberliegenden Bergwand und Waldfläche oberhalb Siggingen Schaden that, und weiter vorwärts in Endingen und Lengenau wiederum fühlbar wurde. Im Ganzen beträgt aber der Windfall in allen drei Gemeinden zusammen nicht über 70 Fm.

Auf dem Heitersberg zwischen dem Reuss- und Limmatthal sind nur in den höchst exponirten Waldungen von Remetschwyl und theilweise Rohrdorf bemerkenswerthe Windfälle vorgekommen und scheint hier die Strömung durchaus nicht sehr stark gewesen zu sein.

Im südlichen Kantonstheil, den Bezirken Muri und Bremgarten ist der von Norden nach Süden streichende Lindenberg, der die Westgrenze auf eine Länge von 15 ^{km} bildet und dessen Rücken zu einer Höhe von 900 ^{m} aufsteigt, maassgebend für die Windrichtung. Sein Nordende senkt sich bei Sormenstorf zu einer kleinen Fortsetzung von 603 ^{m} hinab, an welcher vorbei ein auf 500 ^{m} tief eingeschnittenes schmales Thälchen direkt nordwärts gen Hilfikon und Villmergen führt. Auf dem linken Bachufer erhebt sich als nördliche Fortsetzung des Lindenberges der Seengerberg noch circa 5 ^{km} weiter zu einer Höhe von 683—700 ^{m}. Bei Sarmenstorf ist also eine Berglücke zwischen dem Seethal und dem Bünzthal von 100—300 ^{m} Tiefe und $2^{1}/_{2}$ ^{km} Breite. Diese Lücke correspondirt in der herrschenden Windrichtung südwestlich über den See mit der Lücke von Beinwyl und der Lücke am Sternberg bei Menziken - Burg. Dieses Verhältniss ist von der grössten Bedeutung für die Witterungsverhältnisse des Bezirks Bremgarten. Durch diese Lücke hat sich denn auch von Beinwyl her am 20. Februar ein starker Luftstrom geworfen, der bei seinem weiteren Verlauf über Büttikon, Wohlen, Bremgarten und Hermetschwyl und Zufiken folgenden Schaden angerichtet hat:

in Sarmenstorf	116	Stämme	mit	176 Fm.
- Büttikon	85	-		127 -
- Wohlen	200	-		216 -
- Bremgarten	120	-		150 -
- Hermetschwyl	230	-		115 -
- Zufiken	41	-		33 -

Dieser Strom hat seinen ferneren Weg gegen Rudolfstetten in's Reppisch- und Limmatthal genommen.

Ueber die kahle Höhe von Bettwyl hat sich ferner ein südlicherer Strom nach Boswyl in's Bünzermoos und nach Jonen und Lunkhofen gegen den zürcherischen Ort Birmensdorf geworfen, welcher einen ähnlichen Schaden wie der Sarmenstorfer Strom angerichtet hat:

Bettwyl	40	Stämme mit	50 Fm.
Boswyl	115	-	120 -
Bünzen	200	-	110 -
Ober- und Unter-Lunkhofen	460	-	230 -
Jonen	350	-	236 -

Weiter südlich haben 18 Ortschaften, welche am Osthange des Lindenberges liegen, so gut wie gar nicht gelitten.

Nur an der Südspitze haben

Oberrüti	154	Stämme mit	134 Fm.
Dietwyl	106	-	- 109 -

Windfall gehabt.

Es muss also der Lindenberg einen ganz wesentlichen Schutz gegen den Sturm gewährt haben.

III. Kapitel.

Die Hochgewitter oder Hagelwetter.

———

A. Allgemeines.

Nachdem gezeigt worden ist, wie die Bodenoberfläche und theilweise auch die Bewaldung auf die Luftströmungen bestimmend einwirken und wie insbesondere die Thäler und Bergeinsattelungen begangene Orte des Windes sind, so gehen wir über zu der viel complizirteren Erscheinung der Gewitter und ihrer theilweisen Abhängigkeit vom Boden.

Unter den Gewittern sind von ganz besonderer Bedeutung die sogenannten Hochgewitter oder Hagelwetter, die oft einen enormen Schaden an den Culturpflanzen und dem Walde anrichten. Sie bieten aber auch wissenschaftlich ein hohes Interesse wegen der winterlichen Erscheinung der Elsbildung, welche sie mitten im heissen Sommer bringen und weil ihr Verlauf ein eigenthümlicher, mehr lokaler ist, der sich an den zurückgelassenen Spuren auf dem Boden noch längere Zeit scharf verfolgen lässt.

Schon seit langer Zeit ist in unserem Kanton unter dem Volke die Meinung verbreitet, dass gewisse hochgelegene und gut bewaldete Orte vor Hagelschlag schützen und enthält das Forstgesetz vom Jahre 1860 in seinem § 48 folgende Bestimmung:

„Waldungen auf Anhöhen, welche erfahrungsgemäss gegen Hagelgewitter schützen, sollen so bewirthschaftet werden, dass ihr Bestand der Gegend möglichst lange den nöthigen Schutz zu erhalten vermag. Gemeinderäthe haben die Aufsichtsbeamten jedenfalls auf derartige Verhältnisse aufmerksam zu machen.“

Wenn nun auch diese Bestimmung im Verlaufe der sechziger Jahre im Allgemeinen wenig Beachtung fand, so hütete man sich doch vor kahlen Abholzungen auf den Höhen und half sich mit Plänterungen, wofür eine Anzahl Beispiele angeführt werden könnten. Anfangs der siebziger Jahre aber fanden im Bezirk Muri eine Anzahl Hagelschläge statt, welche die Aufmerksamkeit des Publikums, der landwirthschaftlichen Vereine und der Staatsbehörden auf sich zogen und zu einer näheren Prüfung der Verumständungen führten, unter welchen diese Hagelwetter entstanden und verlaufen waren.

Unterm 29. August 1874 richtete die aargauische Staatswirthschaftsdirektion (Direktion für Land- und Forstwirthschaft) auf den Antrag des Oberforstamtes folgendes Kreisschreiben an die sechs Kreisforstämter:

„Bei der Bevölkerung sowohl als bei einzelnen Gelehrten ist „die Ansicht viel verbreitet, dass die Art des Waldbestandes auf „gewissen Berghöhen oder das Vorhandensein von Wald überhaupt „von grossem Einfluss sei auf die Bildung und den Verlauf von „Hagelwettern.

„In neuester Zeit sind namentlich in unserem Kanton Hagel„wetter, die stellenweise verheerend aufgetreten sind, mit gewissen „Abholzungen des Staates oder der Gemeinden in Zusammenhang „gebracht worden; ob mit Recht oder Unrecht, ist bis zur Stunde „noch unermittelt.

„Da nun die Frage, inwiefern gewisse, hoch gelegene Wald„stücke von Einfluss sein können auf die Hagelbildung, von grosser „Bedeutung ist für die Forstwirthschaft und im Besonderen auch „für die Landwirthschaft, so halte ich es für geboten, dass der „Staat durch seine Forstbeamten zur Lösung der Frage nach Mög„lichkeit beitrage und sehe ich mich daher zu folgenden Weisungen „veranlasst:

„1. Es werden die Herren Kreisförster beauftragt, eine kurze „Beschreibung über jedes, in ihrem respectiven Kreise in den letzten „Jahren, wenn möglich bis auf 1870 zurück, stattgefundene Hagel„wetter dem Oberforstamt bis Neujahr 1875 einzureichen.

„2. Eine gleiche Beschreibung ist auch künftighin unmittelbar „nach jedem Hagelwetter an die Staatswirthschaftsdirektion einzu„reichen.

„Diese Beschreibung soll enthalten:

a) Zeit und Ort der Entstehung des Hagelwetters.

b) Unmittelbar vorhergegangene Witterungserscheinungen.

c) Verlauf d. h. Fortschreiten und Ausdehnung des Hagelwetters nach Zeit und Raum, Richtung des vorausgehenden Windes.

d) Dichtigkeit des Hagelfalles resp. Intensität des Schadens.

e) Beschreibung des getroffenen Gebietes nach Höhenlage und
Configuration.

f) Beschreibung der überschrittenen Höhenzüge mit Bezug
auf ihre Bewachsung mit Wald und deren muthmaass-
lichen Einfluss auf den Hagelschlag.

„Alle diese Notizen werden Sie am besten bei Anlass der
„Waldbereisungen von den vorhandenen Augenzeugen, Ortsvorstän-
„den etc. einsammeln. Nöthigenfalls sind die Untersuchungen, so
„weit möglich, auch über die Grenzen des Forstkreises hinaus aus-
„zudehnen. Der Beschreibung ist eine kleine Skizze im Maassstab
„von 1 : 50000 ab der Michaeliskarte beizulegen, in welcher der
„Hagelstrich mit blau punktirten Linien nach Ausdehnung und
„Stärke einzuzeichnen ist und die möglicherweise influirenden und
„betroffenen Waldstücke je nach ihrem Alter mit grünen, mehr
„oder weniger dunkeln Farbentönen anzulegen sind.

„In den Berichten an das Oberforstamt sind auch diejenigen
„Höhenzüge und Waldungen zu bezeichnen, welche als Schutzwehr
„gegen Hagelschaden gelten können oder vom Volke als solche an-
„gesehen werden.

„3. An der Hand dieser Berichte wird das Oberforstamt,
„nachdem es sich nöthigenfalls mit Landwirthen und Vereinen be-
„rathen hat, Vorschläge überall fällig vorhandene Mittel zur Ver-
„minderung der Hagelgefahr in den bedrohten Gegenden einreichen.

„Für die entstehenden Auslagen und besonderen Bemühungen
„sind der Staatswirthschaftsdirektion besondere Rechnungen einzu-
„senden.

Der Staatswirthschaftsdirektor:
sign. Fischer.“

Auf dieses Kreisschreiben sind gegen Ende des Jahres ·1875
und seither jeweilen nach einem Hagelwetter den Behörden eine
Anzahl Berichte eingegangen über vorgekommene Hagelwetter, die
sich jedoch nicht in gleicher Weise auf das ganze Kantonsgebiet

vertheilen. Vorab ist zu bemerken, dass aus der südlichen Hälfte des Kantons von den Herren

Kreisförster Ringier in Zofingen,
-         Heusler in Lenzburg und
-         Dössekel in Muri

weitaus die wichtigsten und zahlreichsten Rapporte über Hagelwetter eingingen. Aus dem nördlichen Kantonstheil, dem Jura und Rheinthal gingen nur Berichte ein von Herrn Kreisförster Salathe in Rheinfelden über Hagelwetter, welche direkt oder indirekt von Basel her kamen. Die Herren Kreisförster Koch in Laufenburg am Rhein und Baldinger in Baden konnten die Mittheilung machen, dass Hagelwetter in ihren, den Nordosten des Kantons bildenden Forstkreisen zur grössten Seltenheit gehörten. Nach 1875 sind allerdings aus diesen Kreisen je zwei Berichte eingelangt von Hagelwettern, die aus südwestlicher gelegenen Gebirgstheilen der Nachbarforstkreise kamen.

Von den drei Forstkreisen, welche südlich des Jura liegen, ist der Forstkreis

Zofingen   zu 40 pCt. bewaldet und zeigt 2 Hagelwetter
Lenzburg   - 32 -   -   - 6   -
Muri   - 19 -   -   - 10   -

welche in den letzten 10 Jahren, von 1870—1880, vorgekommen sind. Sehr bedeutende Hagelwetter sind aber noch aus früheren Jahren aus dem Forstkreis Muri, dem Freiamt, bekannt und lässt sich somit die Behauptung aufstellen, dass die Hagelwetter in gut bewaldeten Gegenden seltener seien als in geringer bewaldeten.

B. Beschreibung vorgekommener Hagelschläge.

1. Die Hagelschläge der südwestlichen Molassethäler.

Gehen wir nun über zu den einzelnen Berichten und beginnen wir mit dem Südosten des Kantons, dem *Forstkreis Zofingen*.

Herr Kreisförster Ringier erstattet ungefähr folgenden Bericht.

a. Das Hagelgewitter vom 10. Juli 1874 im Wiggerthal.

Das Wiggerthal gehört zu den gegen Hagelschlag und starke Gewitter geschütztesten Gegenden weit umher. Als nun im Sommer 1874 der stark schädigende Hagel seinen Einfall gemacht hatte, wusste sich kaum Jemand an eine frühere derartige Calamität zu erinnern. Die Richtung des Thales, soweit wir es hier in's Auge zu fassen haben, ist eine nordnordwestliche. Es wird unten an der Ausmündung in's Aarethal vom Born und der gegenüberliegenden Felsenspitze mit der Festung Aarburg abgeschnitten. Zu beiden Seiten begleiten Molassehügel, welche mit Hochwald bewachsen sind, die Thalsohle, so dass, genau besehen, das Thal nur gegen Süden offen ist.

Von den vielen, von Westen her kommenden Gewittern treten die wenigsten in's Thal, sondern sie folgen entweder dem Laufe der Aare oder den Jurabergen oder ziehen mehr südöstlich in den Kanton Luzern hinein. Diese Thatsache und der notorisch sehr seltene Hagelschlag in der Gegend um Zofingen hat die allgemein angenommene These schon seit langer Zeit aufrecht erhalten, dass der Weissenberg und speciell der darauf stehende Tannenwald Gewitter und Hagel vom Thal abhalte. Man begnügte sich mit diesem, zunächst gegen Westen deckenden Berge und Walde und glaubte den Einfluss der grossen, rückwärts gegen Westen gelegenen Waldungen nicht in Rechnung bringen zu müssen. Sei dem nun wie ihm wolle, so hat doch der Hagelschlag vom 10. Juli neuerdings den Volksglauben an den Schutzwald auf der Westseite des Wiggerthales insofern bestätigt, als dieses Gewitter, allerdings ursprünglich von Westen kommend, direkt von Norden her in's Thal eingebrochen ist und erst im Thale selbst sich zum Hagelwetter ausgebildet hat. Es ergiebt sich dies aus dem am Abend des 10. Juli an Ort und Stelle genau erhobenen Verlauf des Gewitters selbst. Entstehung und Verlauf desselben sind nämlich äusserst schnell erfolgt. Um 5 Uhr Abends liessen die hochstehenden Wolken im Westen und über dem Jura nach Norden hin kaum auf baldiges Gewitter schliessen. Aber schon eine Viertelstunde nach 5 Uhr stand ein Gewitter von Westen her über dem unteren Wiggerthal und drohte in nächster Zukunft sich zu entleeren. Es zog sich aber bald wieder nordwärts, dem Jura zu, indem es sich, wie von Niederwyl aus beobachtet wurde, gegen Olten und den Born hin *senkte*. Schon glaubte man dem Gewitter völlig entgangen zu sein, als es plötzlich mit aller Kraft über den nördlichen Ausläufer des Born hinüber, die Clus zwischen Olten und Aarburg durchsausend, über die Festung Aarburg und den anstossenden Spiegelberg in's Wiggerthal zurückfiel.

In Olten herrschte damals Nordwind und entwickelte sich daraus ein kurzes Gewitter; beide Gewitter müssen in der Nähe von Olten zusammengestossen sein, und gemeinsam, dem Nordwind nachgebend, unser Thal erreicht haben. Während dieser Erscheinungen herrschte im Wiggerthal der Föhn vor und aus den verschiedenen Erhebungen auf dem Felde zwischen Aarburg, Oftringen und Zofingen ergiebt es sich übereinstimmend, dass das Gewitter ungefähr über der Kreuzstrasse nahezu zum Stehen kam, oder doch viel langsamer vorrückte. Hier muss sich der Hagel gebildet haben. Die Leute erzählen, dass man gar nicht gewusst habe, was aus den Wirbelwinden und dem Tosen in der Höhe werden wolle. Das Ausleeren der Schlossen begann dann erst weiter gegen Süden, ungefähr in der Linie des sogenannten Wirthshäusli und setzte sich mit zunehmender Stärke über Zofingen thalaufwärts fort und scheint die höchste Intensität zunächst oberhalb der Stadt gehabt zu haben. Es war inzwischen etwa $5\frac{1}{2}$ Uhr und der Verlauf rascher geworden. Eine Viertelstunde dürfte die längste Dauer der Hagelentleerung auf irgend einem Punkte des Wiggerthales sein. Doch war die Grösse der Schlossen und deren Dichtigkeit derart, dass der Schaden an den Feldfrüchten bedeutend geworden ist. Wie unterhalb Zofingen, so hat das Wetter auch oberhalb der Stadt mehr die östliche Hälfte des Thales berührt und am stärksten gegen die Mitte zu gewirkt.

Eine höchst wichtige Eigenthümlichkeit bildet der Hagelschlag in dem quer von Osten her in's Wiggerthal einmündenden Riedthal zunächst südlich von Zofingen. Das Hagelwetter zog im Hauptthal an der Riedthalausmündung vorbei, ohne in dasselbe hinein zu wirken. Als es aber etwa 750^m vorgerückt und bei der Holzschlaglinie des, vor dem Riedthal liegenden Galgenberges angelangt war, da fiel der Hagel längs dem alten Holze über den Holzschlag und die jungen Culturen in nordöstlicher Richtung zurück in's Riedthal und stieg noch eine Strecke weit im Thälchen hinauf. Der Hagelschlag im Hauptthal setzte sich südwärts fort, erreichte aber ungefähr bei der Kirche in Reiden seine Endschaft. Von hier aus setzte er sich aber rechtwinklig abbiegend in östlicher Richtung durch das unbewaldete Seitenthälchen vom Reidenmoos noch eine Zeit lang und zwar mit der grössten Ausdauer und Heftigkeit fort, überschritt den niederen kahlen Bergsattel, fiel in's obere Uerkethal und kam an den Williberger- und Reitnauer-Bergen zum Stillstand und Abschluss. Dem Hauptthale folgend, mussten sich die Wolken an der Hochfluh zu Reiden gestaut und dann, vielleicht unter dem Einfluss von Südwestwind, in's linke Seitenthal geworfen haben.

Es ist bereits angeführt worden, dass der Hagelschlag am stärksten gewesen ist unmittelbar oberhalb Zofingen und dann in Folge Stillstehens des Gewitters im Reidenmoos. Im Allgemeinen war der rasche Verlauf der Grund des wenigen Schadens, obwohl es ihm an Heftigkeit und Dichtigkeit nirgends gefehlt hat. Einen Tag nachher waren noch massenhaft Eisschlossen an schattigen Stellen anzutreffen.

Der Hagelschlag, abgesehen von den vorausgehenden Gewittern, hat nur die Tieflagen betroffen und ist an den seitlichen Berglehnen nur wenig hinaufgestiegen. Allerdings liegt das zuletzt betroffene Seitenthälchen des Reidermoos etwas höher als das Wiggerthal; aber das Gewitter musste dort etwas höher steigen, nachdem es durch irgend eine Ursache einmal im engen Raum eingekeilt war und blieb. Es darf deshalb im Allgemeinen angenommen werden, dass dieses Hagelwetter das Thal betroffen, die Höhen aber verschont habe, so lange es nicht in eine Sackgasse gerathen war.

Das Hagelwetter hat den Höhenzug zwischen dem Wigger- und Uerkethal nur überschritten in jener unbewaldeten kännelartigen Einsattelung des Schlatt, durch welche der Weg von Reiden nach Williberg führt."

Soweit in der Hauptsache Herrn Kreisförster Ringiers Bericht.

Wir tragen hier an Thatsächlichem, welches erhoben wurde, nach, dass der Hagelschlag, als er im Uerkethal ankam, direkt auf ein Waldstück „Winterhalde" stiess, welches den jenseitigen Berghang in der Breite der Kehle des Schlatt bekleidete, während dem zu beiden Seiten offenes Land war. Südwärts auf eine Entfernung von etwa 500 ^{m} beginnen dann grosse zusammenhängende Nadelwaldungen, an welchen die Ränder noch Hagelspuren zeigten, sonst aber das Gewitter seine Endschaft erreichte. Die Thalsohle des Wiggerthales hat die Höhenquote 440 ^{m} bei Zofingen und bei Aarburg circa 410 ^{m}. Der höchste Punkt des Festungsterrains hat die Quote 471 ^{m} und der Spiegelberg, über welchen das Gewitter kam, hat circa 500 ^{m} Höhe. Beim Galgenberg hat die Thalsohle die Quote 440 ^{m} und der Berg an der Stelle, wo der

Hagelschlag nach dem Riedthal überging, 500 m. Der schützende alte Wald hatte wohl 30 m Höhe (alte Eichen und Buchen). Das Gewitter stand daher hier circa 80 bis 100 m über der Thalsohle.

Bei Reiden hat die Thalsohle die Quote 460 m rund und die Hochfluh hat 565 bis 678 m und beträgt die Differenz 100 bis 218 m. Es ist daher die Hochfluh eine mehr als genügende Barriere für das Hagelwetter gewesen. Im Reidenmoos hat die Sohle 500 m und die Einsattelung auf Schlatt hat im Maximum noch 582 m während dem die benachbarten eindämmenden Höhen sowie der ganze Kamm 654 bis 663 m haben. Wenn nun das Gewitter auch hier noch 80 m über dem Boden stand, so konnte es doch noch nicht über die bewaldeten Höhen mit nur 20 m Holzhöhe hinweg. Die Breite der waldfreien Einsattelung beträgt blos 250 m. Die Breite der stark beschädigten Zone im Wiggerthal beträgt 500 bis 800 m, während dem die ganze Thalbreite des Doppelte bis Dreifache ausmacht.

Die Hagelkörner hatten die Grösse von einer mittleren Haselnuss und zeigten, wie bekannt, jene zwiebelartige Struktur. Das Hagelwetter war um circa 6 Uhr überall vorbei und hat die Erscheinung von circa 5¼ Uhr bis 6 Uhr gedauert.

Aus dieser Berichtgabe entnehmen wir, dass sich aus einem heftigen allgemeinen Gewitter partiell ein Hagelschlag gebildet hat, als das Gewitter über die waldarme bis waldlose Höhe der Festung Aarburg und des Spiegelberges über den unbewaldeten, offenbar mit stark erhitzter Luft gefüllten Thalkessel der Kreuzstrasse zu stehen kam, in welchem der Südwind einen Stillstand der Strömung hervorbrachte. Erst circa 1 km südlich der Kreuzstrasse, als der Nordwind die Oberhand hatte, begann der Hagelfall. Die Höhe, aus welcher er kam und wo er entstand, beträgt nicht über 100 m. Derselbe schmiegte sich sehr stark dem Terrain an, behielt aber in seinem Fortschreiten ungefähr die Breite der Festung Aarburg mit dem unbewaldeten Theil des Spiegelberges. Der andere Theil des Thales hatte nur Gewitterregen. Das Hagelwetter konnte gut bewaldete Höhen, wie z. B. den Galgenberg, so weit er altes Holz trug und die Hochfluh bei Reiden sowie die übrige Thaleinrahmung gegen Williberg nicht übersteigen. Es konnte, indem es sich im unbewaldeten Terrain hob, nur kahle Stellen überschreiten.

b. Das Gewitter vom 16. Juli 1874 im Ruederthal.

Ueber dieses Gewitter berichtet Herr Kreisförster Ringier folgendes:

Wenn auch im Allgemeinen das Jahr 1874 an Gewittern und besonders an starken Gewittern arm war, so erzeigt doch die Mitte des Monat Juli zwei ausserordentlich schwere, mit Hagelschlag verbundene sogenannte Hochgewitter. Vergleicht man die Temperatur des Jahres, so findet man plötzliche Hochstände des Thermometers bis über 30 ⁰ R., denen in der Frühe des Tages starke Nebelbildungen vorausgegangen sind. So am 10. Juli, dem Tage des Hagelwetters im Wiggerthal, und am 16. Juli.

Letzterer Tag zeigte vollkommen reinen Himmel bis gegen 2 Uhr Nachmittags. Dann aber begann auf der Westseite des Kantons die Anhäufung von Gewitterwolken, welche vom Westwinde getrieben, rasch die Grenze überschreitend, um 3 Uhr Nachmittags sich mit heftigem Gewitterregen, stellenweise mit schwachem Riesel im Wiggerthale auszuleeren begannen. Dieselben Erscheinungen setzten sich ostwärts fort über die Thäler der Uerke, Suhre und Wyne und wahrscheinlich noch weiter und zwar in breiter Front vom Aarethal aufwärts bis in den Kanton Luzern hinein. Fast überall wurde nebst Regengüssen schwacher Riesel beobachtet, ein Hagelschlag dagegen nur im Ruederthal und den östlich liegenden Bergzügen und sogar noch in der Tiefe des Wynenthales.

Nach den Berichten des Herrn Kreisförsters Heusler entwickelte sich dasselbe Gewitter in Lenzburg und Umgebung auch zum Hagelwetter, worüber später relatirt wird.

Die angestellten Nachforschungen über dieses Gewitter resp. Hagelwetter ergeben folgende Resultate:

Das Suhrenthal wurde von dem von Westen kommenden Gewitter zwischen 4 und 5 Uhr Abends erreicht. Während dieses Thal von Hagelschlag gänzlich frei blieb, entwickelte sich der Hagel am jenseitigen Thalabhang in der sanft ansteigenden Mulde von Kirchleerau, durch welche eine Verbindung nach dem Ruederthal über den sogenannten Benkel führt.

Der erste Hagel fiel etwa $4^{1}/_{2}$ Uhr bei den äussersten östlichen Häusern jenes Dorfes. Es soll hierbei der Föhn mitgewirkt haben.

Unter steter Einwirkung des stark anhaltenden Westwindes überschritt die finstere, dichte Wolkenmasse unter heftigem Hagelschlag den Bergrücken bei der völlig waldfreien Einsattelung des Benkel-Loches und stürzte sich mit furchtbarer Heftigkeit über die westlichen Abhänge des Ruederthales hinab auf den Thalgrund. Dort, vom jenseitigen Berge aufgehalten, staute es sich südlich aufwärts nach Schmidrued und über den Berg bis gegen Gontenschwyl und floss nördlich ab bis unterhalb Schlossrued.

Der Umstand, dass Hagelschlag bis in's flache Thal mit Verbindung desselben Niederschlages über die dazwischen liegende Gontenschwyler Höhe gekommen ist, legt die Vermuthung nahe, es haben sich die in's Ruederthal einfallenden Wolken erst dann weiter über den Berg geschoben, als jenes enge Thälchen vollständig damit angefüllt gewesen war.

Der Hagelschaden ist am grössten beobachtet worden beim Herabstürzen des Wetters von der Benkelhöhe bis zur Thalsohle im dortigen, viel bewegten waldarmen Hügelland und sodann besonders in der Tiefe bei der Kirche zu Rued. Aus dem bereits Gesagten darf man den Angaben dortiger Einwohner, welche die Dauer des Hagelniederschlages auf $\frac{1}{2}$ bis $\frac{3}{4}$ Stunden angaben, wohl Glauben schenken. Nach amtlicher Schätzung beträgt der Schaden in Schloss- und Schmidrued zusammen 10000 Francs.

Es darf als Bildungsraum des Hagels jener breite, waldlose Raum des Suhrenthales zwischen Staffelbach, Attelwyl und Moosleerau angenommen werden und fällt besonders in Betracht, dass auch das hinterliegende Bergplateau von Williberg kahl ist.

Der Hagelschlag suchte, dem herrschenden Winde nachgebend, seine Fortsetzung über den Sattel des Berges und zwischen Suhreund Ruederthal, während dem die nördlich und südlich gelegenen waldreicheren Gegenden als vom Hagelschlag verschont bezeichnet werden müssen.

Soweit Herr Kreisförster Ringier.

Ein anderer kurzer Bericht über dieses Hagelwetter liegt vor vom Gemeindeförster Steiner von Oberkulm, der Folgendes enthält:

„Den 16. Juli 1874 entwickelte sich ein Gewitter über den „Gemeinden Wittwyl und Staffelbach, nachdem Vormittags Nebel „und drückende Luft gewesen waren. Starker Nordwest bis Süd„west trieb das Gewitter nach Kirchleerau, wo es sich entleerte „und über den nicht stark bewaldeten Bergrücken nach Kirchrued

„und dann nach Schmidrued und endlich auch über den nur stellen-
„weise bewaldeten zweiten Bergrücken südlich des Junkernholzes
„nach Oberkulm kam. Die Schlossen fielen in der Grösse von
„Haselnüssen, fünf und sechs waren oft zusammengefroren.

„Unterhalb Waltensholz, Gemeinde Schmidrued, ist seit circa
„14 Jahren, wie man mir sagte, eine Lücke in der Waldung ent-
„standen und es wurde auf dieser das Gewitter viel stärker hinüber
„getrieben als sonst.

„Als Waldung, welche unsere Gemeinde Oberkulm vor Hoch-
„gewittern schützt, ist besonders das Junkerholz hervorzuheben,
„welches dem Herrn von Hallwyl gehört und sich auf der Höhe
„des Berges als Buchenhochwald in ziemlicher Breite erstreckt.“

Wir haben hier noch nachzutragen, dass das Benkelloch circa
620 m und die nebenan liegende Höhe auf der alten Burg 640 m
Erbebung über Meer zeigt, während dem die Thalsohle bei Kirchrued 516 m aufweist.

Der gegenüberliegende Rücken gegen Oberkulm hat die Quote
628—653 m, beim Junkernholz und gegen Gontenschwyl rund 700 m.

Also auch hier wird die oberste Grenze der Schlossenbildung
nicht über 750 m gelegen haben, da ja nur der kleinste Theil
des Hagelschlages auf unbewaldeten Stellen der Bergrücken hinüber
gekonnt hat und im Grossen und Ganzen der Prozess sich an der
rechten Thalwand des Ruederthales gestaut hat.

Die grösste Heftigkeit hatte der Hagelschlag im Ruederthal,
wo er von der Höhe von 640—660 m hinabstürzte zur Tiefe von
516 m und daher eine bedeutende Perkussionskraft bekommen musste.

Von einem noch stärkeren Hagelschlag sind dieselben Ortschaften am 29. Juni 1863 heimgesucht worden. Derselbe verursachte einen Schaden von 38000 Francs und kam über die kahle
Höhe von Kulmerau mehr aus Südwesten.

Vide Karte Beilage I.

o. Ein Kahlschlagverbot.

Es muss hier noch eines nicht uninteressanten Falles der Anwendung des § 48 des aargauischen Forstgesetzes $1\frac{1}{2}$ Jahre später
Erwähnung gethan werden.

Die auf dem Bergrücken gelegene Buchenhochwaldung Junkernholz war nämlich vom Besitzer, der in ökonomische Bedrängniss

gerathen war, an Spekulanten zu hohem Preise verkauft worden und diese machten sich daran, die ganze Hochwaldung von circa 20·ha im Zeitraum von drei Jahren kahl abzutreiben und zu versilbern.

Da gelangte mit Eingabe vom 3. December 1875 der Gemeinderath von Oberkulm an den hohen Regierungsrath mit dem Gesuch, es möchte den Eigenthümern des Junkernholzes der kahle Abtrieb desselben innerhalb der Frist von drei Jahren aus forstpolizeilichen Gründen ohne Verzug untersagt und dieselben verhalten werden, den Abtriebszeitraum entsprechend zu verlängern und durch Ueberhalten einer grösseren Anzahl Oberständer die Gefahr der Hagelwetterbildung zu mildern.

Der Gemeinderath motivirte sein Begehren mit der, in der dortigen Gegend ziemlich verbreiteten Ansicht, dass das Junkernholz eine Schutzwehr gegen Hagelwetter des Wynenthales sei. Früher, als das Junkernholz theils abgetrieben und theils mit ganz jungem Holz bewachsen gewesen sei, da seien öfter Hagelwetter nach Oberkulm gekommen, so das letzte Mal Anno 1824.

Seither sei dies wegen des hohen Holzbestandes dieses Waldes nicht mehr der Fall. Eine Wiederholung der Hagelwetter sei aber nach Abtrieb des Junkernholzes zu befürchten.

Der § 48 des Forstgesetzes verlange nun, dass Waldungen auf Anhöhen, welche erfahrungsgemäss gegen Hagelwetter schützen, so bewirthschaftet werden, dass ihr Bestand möglichst lange der Gegend Schutz biete und sei also einem kahlen Abtrieb des Junkernholzes entgegen. Ferner verbiete der § 36 den kahlen Abtrieb an steilen Hängen oder auf Anhöhen, die bewaldete Orte schützen und da, wo die Wiederbewaldung schwierig sei. Endlich sei nach § 479 des Sachenrechtes die Ausübung des Eigenthumsrechtes beschränkt, wo die Beförderung und Erhaltung des allgemeinen Wohles es erheische.

Das Oberforstamt, welches mit der Begutachtung der Eingabe betraut wurde, hat nun die, Seitens des Gemeinderaths Oberkulm angeführten Beweggründe an Ort und Stelle untersucht und gefunden, dass dieselben zutreffend seien. Insbesondere konnten viele Augenzeugen angeben, dass der Hagelschlag vom 16. Juli 1874 gerade am alten Holz des Junkernwaldes noch vorbei-, nicht aber über dasselbe hinüber gekommen sei. Diese Thatsache, verbunden mit dem eigenthümlichen Verlauf jenes Hagelwetters und mit der

Beobachtung im Freiamt, wo durch eine kleine Waldlücke auf dem Lindenberg drei Hagelwetter in kurzer Zeit durchgezogen sind, liessen es ausser Zweifel, dass Waldungen auf Höhen, wie das Junkernholz, gegen Hagelwetter schützen können.

Das Oberforstamt hat daher den Besitzern des Junkernholzes erklärt, dass hier der § 48 des Forstgesetzes zutreffe und dass daher die Benutzung dieser Privatwaldung nicht frei sei, wie in gewöhnlichen Fällen, sondern dass hier der kahle Abtrieb verboten sei und die nöthigen schützenden Anordnungen getroffen werden müssen, immerhin unter möglichster Schonung der Privatinteressen der Waldbesitzer.

Auf die Berichtgabe des Oberforstamtes an die Staatswirthschaftsdirektion hat dann der hohe Regierungsrath des Kantons Aargau unterm 8. Januar 1876

beschlossen:

Es sei auf das Gesuch des Gemeinderathes von Oberkulm und nach gewalteter Untersuchung die Bewirthschaftung und Benutzung der Privatwaldung Junkernholz im Gemeindsbann Schlossrued, derzeit Eigenthum der Herren N. N., welche erfahrungsgemäss gegen Hagelschaden schütze, nach Mitgabe des § 48 des Forstgesetzes in folgender Weise beschränkt:

1. „Es muss von dem noch vorhandenen alten Holze ein Schutzstreifen, wie er vom Oberforstamt an Ort und Stelle angezeichnet worden ist, erhalten bleiben. Der Schutzstreifen darf nur schonend durchforstet und erst dann abgetrieben und verjüngt werden, wenn der östlich angrenzende junge Wald das Alter von 25 Jahren erreicht hat und widerstandsfähig geworden ist. Bei dem späteren Abtrieb dieses jungen Bestandes, so weit er auf der Höhe liegt, sind die Weisungen der Forstbehörden zu beachten.

2. Die noch vorhandenen Randbäume im Junkernholz südlich des Schutzstreifens sind zu erhalten.

3. Die Waldculturen auf dem angrenzenden ehemaligen offenen Land der Hohliebe sind zu erhalten, soweit sie auf der Hochebene liegen.“

Eröffnung an die Parteien und Vollziehungsüberwachung durch die Staatswirthschaftsdirektion.

Es ist dies bis jetzt die erste praktische Anwendung des § 48 auf Privatwaldungen, während dem derselbe in Gemeindewaldungen schon längst beachtet und angewandt wird.

Nachdem in Vorstehendem die zwei einzigen Hagelschläge besprochen worden sind, welche nicht nur seit 1870, sondern seit einer grösseren Reihe von Jahren in dem Forstkreis Zofingen vorgekommen sind und welche sich als rein lokale Erscheinungen herausgestellt haben, so heben wir noch besonders hervor, dass das Wiggerthal, Suhrenthal und Wynenthal, soweit sie diesem Forstkreis angehören, von Hagelschlägen vorschont worden sind, wohl ganz wesentlich in Folge der guten Bewaldung der Berghöhen zwischen diesen Thälern. Die Bevölkerung ist sich dessen völlig bewusst und hat längst bemerkt, dass kleinere Schlossenfälle nur über abgeholzte Flächen auf der Höhe hereinkamen.

2. Die Hagelwetter im Forstkreis Lenzburg-Aarau-Brugg.
(Rechtes Aarufer).

In diesem Forstkreise mit dem breiten See- und Aarethal, seinen Juralehnen und Jura-Ausläufern, seinen zahlreichen Flussläufen und der ungleichförmigen Bewaldung sind die Erscheinungsformen des Hagelschlages complicirter und daher schwieriger in allem Detail festzustellen.

Der Uebergang zur Betrachtung der hier vorwaltenden Verhältnisse mag in Abweichung von der chronologischen Reihenfolge gesucht werden in der Betrachtung

a. Des Gewitters vom 16. Juli 1874 in diesem Forstkreis.

Herr Kreisförster Ringier hatte schon hervorgehoben, dass am 16. Juli ein allgemeines grosses Gewitter von den Abhängen des Jura bis tief in den Kanton Luzern hinein den südlichen Kantonstheil überzog und dass der Hagelschlag im Ruederthal nur eine lokale Erscheinungsform dieses allgemeinen Gewitters gewesen sei.

Auch Herr Kreisförster Heusler in Lenzburg signalisirt dieses Gewitter als ein solches, welches vom Jura bis an die südliche Grenze des Kantons gereicht habe. — Aber auch nur auf einer Stelle dieses Kreises hat sich dasselbe zu einem Hagelwetter gestaltet, das dann in seinem Verlauf freilich grössere Dimensionen angenommen hat.

Diejenigen Gewitterwolken, welche durch den Safenwyler Thaleinschnitt über Muhen, die theilweis kahle Höhe des Rütihofes überschritten, über das tiefe Thal von Gränichen, dessen Sohle 413 m Höhe hat, zogen, trafen dann die kahlen Höhlen des Herdenberg und Hochspühl mit der Höhenzahl 562 und flossen über den jenseitigen Abhang das Mühlènthälchen hinunter, trafen bei der Eulenmühle jenen waldlosen Sattel gegen Schafisheim mit 475 m Höhe, auf dessen Nordseite der Hürnenberg 543 m und auf dessen Südseite der Binzenberg 565 m Höhe aufweisen.

Sie brachen hier und theilweise schon bei der südlicheren Einsattelung im Sand 496 m mit grosser Schnelligkeit durch und schoben sich auf der Höhe von 500 bis 570 m über den erhitzten Thalgrund von Schafisheim vor, dessen Sohle 420 m hat und hier entstand nun wieder jenes Toben und Tosen mit heftigem Blitz und Donner und sogleich nachher die Hagelbildung östlich von Schafisheim circa bei Buchholzäkern hinter dem Staufberg. *Merkwürdig ist nun, wie der rundliche Kegel des Staufberges, dessen Gipfel bis zur Höhe von 520 m ansteigt, das Hagelwetter in seinem östlichen Fortschreiten in zwei Aeste spaltete, einen südlichen über die Strafanstalt nach Ammerswyl und Dintiken gehenden und einen nördlichen über Lenzburg, Niederlenz und theilweise Möriken und Othmarsingen gehenden.*

Die Gemeinde Staufen am Ost- und Nordfuss des Staufberges blieb von Hagel gänzlich verschont und liegt hierin der schlagende Beweis einerseits dafür, dass der bewaldete Westhang des Staufberges, der wenig Hagelspuren zeigte, die Hagelbildung gehemmt hat und andererseits auch, dass die Hagelbildung kaum über der Region des Staufberggipfels stattgefunden hat. Nehmen wir die Entstehungshöhe zu 530—540 m an, so ergiebt sich bis zur Sohle des Aathales in Lenzburg von 398 m Höhe eine Fallhöhe von rund 140 m oder nahezu das Doppelte der Fallhöhe, wie im Wigger- und Ruederthal und erklärt sich daraus die bedeutendere Grösse der Schlossen, die grössere Perkussionskraft, und dem entsprechend der Schaden.

Verfolgen wir den nördlichen Zweig gegen Niederlenz.

Der Förster Kull dieser Gemeinde berichtet:

„Den 16. Juli 1874 entstund ein Hagelwetter diesseits d. h.

seitswärts vom Staufberg (von seinem Standpunkte aus gesehen) und entlud sich, vom Südwestwind getrieben, auf dem Felde zwischen Niederlenz und Staufen und erstreckte sich bis auf die Höhe gegen Othmarsingen. Vorher war 14 Tage heisse, trockene und schwüle Witterung. Die Schlossen waren 2—5 Linien, d. h. 0,5—1,5 cm dick und fielen ihrer 100 Körner auf den Quadratmeter."

Die Fallhöhe betrug hier blos circa 110 m.

Von Lenzburg berichtet der Herr Kreisförster:

„Das Hagelwetter kam von Südwesten her, hinter dem Staufberg sich entwickelnd und ergoss sich, vom West- und Nordwestwinde getrieben, über die Stadt und Umgebung mit furchtbarer Gewalt, über ½ Stunde dauernd, zuerst mit starkem Regen und nachher mit dichtem Schlossenfall, zuletzt mit Steinen bis zu Hühnereiergrösse. (Diese Grössenangabe bezieht sich wohl auf zusammengefrorene Schlossen.) ⅓ Getreideschaden auf dem Othmarsinger Feld und gegen Hendschiken. Schaden an den Reben am Schlossberg und Goffersberg bedeutend."

Der Gemeindeförster Bryner von Möriken berichtet:

„Das Wetter nahm seinen Anfang Nachmittags 2½ Uhr am westlichen Horizont. Schon glaubte man es durch ziemlich starken West über unsere Gemeindegrenzen getrieben, als auf einmal der Wind von Süd gegen Nord sich wandte und sich in einen Orkan umwandelte, worauf sich das Gewitter mit Hagelkörnern von Haselnuss- bis Baumnussgrösse, vermischt mit Regen, über unsere Ortschaft entleerte.

Das Toben der Elemente dauerte zum Glück nur 10 Minuten und der Hauptzug des Gewitters hat sich in einer Breite von kaum 500 m ausgedehnt. Die Richtung war über den östlichen Theil des Dorfes gegen die am Kestenberg befindlichen Laubholzschläge von 1870 und 1871. Ein Ueberschreiten des Berges fand jedoch nicht statt.

Schaden von keiner grossen Bedeutung."

Der Förster Bossart von Othmarsingen sagt:

„Am 16. Juli 1874 Nachmittags 4 Uhr entlud sich abermals ein starkes Hagelwetter von Westen her über Lenzburg und den südlichen Theil unserer Gemeindemarkung. Unter starkem Tosen, begleitet von einem starken Westwind, hörte man das Gewitter heranrollen und einige Schlossen von der Grösse kleiner Aepfel jagten die Bewohner in Schrecken.

Das Gewitter war hart am Dorfe, als eine Wendung des Windes eintrat und selbiges gegen den bewaldeten Hendschiker-berg trieb, wo es sich über die Höhe entlud. Ein starker Regen, mit kleinem Riesel vermengt, war das Ende des Gewitters. Der südwestliche Theil der Gemarkung wurde stark beschädigt und beträgt der Schaden die Hälfte, während dem er sonst sehr un-bedeutend war."

Aus den beiden letzteren Berichtgaben erhellt mit Sicher-heit, dass der nördliche Zweig des Wetters sich an der mit altem Holz bestandenen Bollecke des Lindwaldes nochmals ge-spalten hat. Ein Theil brauste nach Norden gegen Möriken und den Kestenberg östlich des Dorfes und ein anderer Theil schlug die Richtung gegen Othmarsingen ein, wurde aber von einem Nordwind, der Gegenströmung zum Südwind von Niederlenz nach Möriken, zwischen dem Goffersberg und dem Hendschiker Bann-wald gegen das damals abgeholzte Lütisbuch rein südlich ab-gelenkt. Er überschritt den Kamm des Eich und senkte sich mit grosser Gewalt in den offenen Thalkessel von Ammerswyl hinab.

Der Ammerswyler Förster Gehrig berichtet darüber:

„Seit 1870 hat ein einziges Hagelwetter von Bedeutung einen Theil unseres Gemeindebannes überzogen. Es war am 16. Juli 1874, als sich ein Gewitter mit bedeutendem Hagelschlag von Nord nach Süd vom Lenzburger Lindwald über den Bühlberghof und Lutisbuchwald nach dem Ammerswyler Eich zog, wo massen-hafter Hagel das Getreide stellenweise zu $^2/_3$ vernichtete. In dieser Richtung hatten wir seit Mannesgedenken kein Gewitter. Diesmal mag jedenfalls die Abholzung des Lenzburger Lutisbuchwaldes viel dazu beigetragen haben."

Der südliche Zweig des Hagelwetters warf sich über die Strafanstalt Lenzburg und des Bölle gegen den Goffersberg, das Lütisbuch und den Ammerswyler Thaleinschnitt und vereinigte sich bei dem Bühlberghof und in Ammerswyl mit dem nördlichen Zweig. — Die durch den Staufberg geschützte Zone konnte aber noch bis über den Goffersberg hinaus an sehr geringem Schaden leicht erkannt werden.

Der Förster Meier der südlich angrenzenden Gemeinde Dintiken berichtet über dasselbe Hagelwetter:

„Es entstand bei uns Nachmittags zwischen 3 und 4 Uhr. Die Windstösse kamen stark von Nordwest, also über die Ammerswyler-Dintiker Berghöhe. Ungefähr $3\frac{1}{2}$ Uhr fiel Regen mit Hagel vermischt. Lange vorher brauste es fürchterlich oben auf dem Berge im Walde und man hörte ein gewaltiges Tosen. Bei uns in Dintiken fielen die Schlossen dicht, aber nicht gross und der Schaden war kaum von Belang. Als hauptsächlicher Zugang des Hagels muss das unbewaldete enge Thal zwischen Winterhalde und Rietenberg angesehen werden, welches oben auf das Dintikerfeld mündet und fiel auf den bewaldeten Höhen wenig, dagegen im Thal viel Hagel."

Dass die Schlossen oben klein waren, erklärt sich aus der geringen Höhe, aus welcher sie hier oben fielen.

Das Hagelwetter erreichte hier in den Wäldern seine völlige Endschaft und konnte nur durch kahle Thaleinschnitte nach Dintiken gelangen.

Ueber die Entstehung dieses Hagelwetters haben wir an thatsächlichen Verhältnissen, wie sie sich aus Erhebungen an Ort und Stelle ergaben, noch Folgendes nachzutragen.

Nach Mittheilungen von Landleuten von Gränichen ziehen die Gewitter, welche über die theilweise kahle Höhe von Rütihof und vom Wannenhof her kommen, meistens über den unbewaldeten Herdenberg südlich am Fudenkopf vorbei. Die Gewitter jedoch, welche von Entfelden durch's Suhrenthal kommen, ziehen meist nördlich vom Fudenkopf vorbei, wo immer einiger Luftzug besteht.

Im Jahre 1874 war nun die Waldparzelle zwischen Rütihof und Gränichen, Mohrberg und Kaibenboden von der Gemeinde Gränichen bis zur Grenze des offenen Landes vom Thalgrund her abgeholzt. Ferner war auf dem Hochspühl die gegen das Mühlethal abfallende bewaldete Wand zur Hälfte abgeholzt und ist es gegenwärtig ganz. Ueberdies war der obere Waldrand zurückgehauen um wohl 10 m und trug eine ganz junge, kaum 3 Jahre alte Cultur.

Das im Jahre 1874 noch vorhandene, alte, 30jährige Holz bestand hier aus Birken, Aspen und etwas Eichen, die jedoch vom Wind und Schnee arg zugerichtet und meist niedergebogen waren. Ueberdies erstreckt sich eine offene Landzunge, sieben Ziedern, gegen das Thälchen hinunter, so dass hier die Gewitter den leich-
. testen Durchpass haben.

Eine weitere bedeutungsvolle Thatsache ist die, dass nämlich die Höhe 582 ᵐ südlich der Einsattelung am Binzberg der Mertlenberg im Winter 1873/74 abgeholzt wurde und zur Zeit des Hagelwetters ganz kahl war. Aber auch die Ebene des Hürnenberges ob Schafisheim und der Abhang gegen die Eulenmühle und die Einsattelung waren seit 1869 abgeholzt und grösstentheils kahl geworden.

Auch trug die Parzelle Ober-Weier damals eine blos 3 jährige Nadelholzcultur.

Die Leute, welche in den obersten Häusern von Schafisheim an dieser Kehle wohnen, sagen, dass hier der Sturm und die Gewitter zwischen dem Binzberg und Hürnenberg mit solcher Gewalt durchbrechen, dass man das Haus verlassen müsse, um nicht bei dem zu befürchtenden Einsturz begraben zu werden. Die Gewitterwolken seien meistens so tief, dass der Hürnenberggipfel höher scheine. Auch tobe das Wetter viel heftiger, seitdem die Gemeinde Hunzenschwyl die Ebene und den Abhang gegen die Eulenmühle abgeholzt habe.

Auch der Gemeindeamman von Schafisheim giebt an, dass das Hagelwetter von 1874 durch diese Lücke zum grössten Theil gekommen sei.

Merkwürdig ist noch, dass der Hagelstrich, welcher gegen Möriken ging, in seiner Breite der Breite der Schafisheimer Lücke zwischen Hürnenberg und Binzberg entspricht und dass der Strich gegen Lenzburg und Ammerswyl nur unbedeutend breiter war. Der Hagel begann auf circa 1500 ᵐ von der Schafisheimer Lücke auf dem Feld.

---

b. Das Gewitter vom 28. Juli 1872.

Eine der grossartigsten und gewaltigsten Gewitter-Erscheinungen ist diejenige vom Sonntag den 28. Juli 1872, welche, im Süden beginnend, von Genf bis Constanz in fast ununterbrochenem Zusammenhang das Gebiet zwischen Jura und Alpen ausfüllte und eine Menge Thalschaften mit Hagelschlägen verheerte. Gleichwohl löste sich dasselbe in eine ganze Anzahl einzelner Theilgewitter auf, die je nach Verhältnissen lokal verschiedenartig verliefen.

Es ist selbstverständlich, dass hier nur diejenigen Erscheinungen besprochen werden können, welche in der Nähe unserer aargauischen Beobachter stattgefunden haben und müssen wir darauf verzichten, dem Anfang und dem Ende des ganzen Gewitters nachzugehen, so wünschenswerth dies sonst auch sein möchte.

Indessen finden wir schon nahe an der westlichen Grenze unseres Kantons einen Entstehungsort von Gewittern, der, obwohl von weiter her beeinflusst, doch für uns im Aargau oft von entscheidender Wirkung ist. Es ist dies die Hauenstein- und Frohburg-Gegend bei Olten.

Bekanntermaassen convergiren die verschiedenen Juraketten gegen den Punkt Frohburg und zwar die nördliche Lomontkette und ihre Ausläufer sowohl als die südliche Weissensteinkette. Dort in der Gegend der Frohburg ist nun der Jura in Abweichung von seinem sonstigen Charakter nicht von langen parallelen Rücken zusammengesetzt, sondern es finden sich Querrisse und Längsspalten, halb aufgebrochene Gewölbe, eingestürzte oder gehobene horizontal geschichtete Felsmassen neben allerlei Faltungen in buntem Gewirr. Interessant sind besonders der Felseneingang bei Trimbach gegen den Bergsattel Hauenstein und das quer gegen die Frohburg ansteigende Erlimoos. Während dem westlich vom Hauenstein bei Iffenthal der Homberg und der Schmitzberg zu 849 und 946 ^{m} und auf der Ostseite die Höhe der Frohburg zu 845 ^{m} ansteigen, hat der Hauensteinsattel blos 695 ^{m} Höhe und bildet deshalb schon eine wichtige Passage für den Verkehr der Menschen und für denjenigen der Lüfte.

Direkt nördlich vom Hauenstein liegt der 1006 ^{m} hohe Wiesenberg, an dessen Ostseite sich das Zeglingerthal einsenkt und an dessen Westseite das Homburgerthal mit der Bahnstation Läufelfingen vorbeigeht und direkt auf den Hauenstein mündet.

Nur wenig mehr westlich steigen die letzten Gabelungen des Eptigerthales gegen die Höhe und werden dadurch drei Hauptabzugskanäle nordwärts gegen das Ergolzthal gegeben.

Wenn man mit diesen Verhältnissen auf dem Hauenstein noch zusammenhält die südwärts liegende Aarburg - Oltener Klus zwischen Born und Wartburg, als Verlängerung des von Süden kommenden Wiggerthales, so springt der Hauenstein als Verkehrsstelle der Wolken sehr in die Augen.

Es ist nun überdies zu berücksichtigen, dass die Ausscheidung des Wasserdampfes vorzugsweise längs felsigen Bergkämmen stattfindet und dass sich die Wolken oft längs diesen nicht nur bilden, sondern auch bewegen. Da nun die Ketten hier zusammenlaufen, so erzeigt sich die Umgebung der Frohburg als ein förmlicher Rendez-vous-Platz der Wolken und damit der Gewitter.

Dieser Rendez-vous-Platz ist aber fast ganz unbewaldet und durchweg mit Weiden bedeckt. Nur einzelne ganz kleine Wald-parzellen finden sich an exponirten Köpfen zum Schutze für das Weidevieh.

Namhafte Bewaldung trägt nur der Wiesenberg.

Uebereinstimmende Berichte melden nun über das Gewitter vom 28. Juli 1872 Folgendes:

Es gingen diesem Gewitter vierzehn ungemein heisse und schwüle, ziemlich windstille Tage voraus und folgten ihm mehrere Wochen anhaltendes, gewitteriges Regenwetter.

Nach hellem Sonntag Vormittag begannen circa um 2 Uhr gewaltige Wolkenmassen sich auf und längs dem Jura in der Gegend von Olten anzusammeln, welche anfangs still zu stehen schienen, dann aber verschiedene Hin- und Herbewegungen über die Frohburg und den Hauenstein machten.

Gegen $\frac{1}{2}$ 4 Uhr aber setzten sie sich nach Nordosten zu in Bewegung und zwar zog ein Theil zwischen der Wysenfluh 940 ^{m} hoch gegen Burg, Bad Lostorf und den Südhang des Altenbrunnen zu. Ein anderer Theil zog nördlich Burg der Schafmatt zu. — Wir können hier nur den südlicheren Strom gegen das Bad Lostorf verfolgen. Das spärlich bewaldete Weideterrain senkt sich von der Einsattelung bei der Wysenfluh rasch zwischen den beiden Berg-rücken Dottenberg 944 ^{m} und Burghöhe 880 ^{m} in die Tiefe gegen Lostorf und bildet der Höhenunterschied zwischen der Thalsohle und den Bergrücken stets 150—200 ^{m}.

Bei Bad Lostorf und östlich davon beim Altenbrunnen ändert sich jedoch dieses Verhältniss. Der Dottenberg senkt seine Ost-spitze mit dem Schlösschen Wartenfels zu 625 ^{m} hinab und lässt vorne eine offene Klus mit der gegenüber liegenden Rebenfluh von circa 200 ^{m} Breite. Die Rebenfluh selbst, die Fortsetzung des Dottenberges, hat blos auf einem Punkt 691 ^{m}, sonst aber blos 660 ^{m} Höhe und so zu sagen keinen Nordhang, sondern das Terrain verflacht sich auf derselben zu einer hoch gelegenen trockenen Weide- und Ackerfläche mit sanften Abfällen westlich gegen den Lostorfer und östlich gegen den Stüsslinger Einschnitt. Südwärts fällt aber die Rebenfluh wie der Dottenberg sehr steil ab zum Niveau von 450 ᵐ auf dem Stüsslinger und Lostorfer Feld.

Der Kamm der Rebenfluh ist sehr scharf, ausserordentlich felsig und ganz schmal und sehr schlecht mit lückigem Gestrüpp bedeckt.

Auch nördlich des Ackerfeldes auf der Rebenfluh beginnt, gegen den Hof Altenbrunnen ansteigend, eine sehr junge und lückige, im Jahre 1872 kahle Waldfläche, welche hier vom Plateau von 660 ᵐ bis zur Höhe von 908 ᵐ nordwärts ansteigt, während dem über die Kante südwärts ein Absturz bis 450 ᵐ im Terrain sich geltend macht.

Als nun das Gewitter am 28. Juli 1872 Nachmittags 4 Uhr über Bad Lostorf und auf die Rebenfluh zu stehen kam und die südliche Gebirgsbarrière aufhörte, da stürzte es unter fürchterlichen Windstössen durch die Lostorfer Klus, über die Ebene der Rebenfluh und zur Stüsslinger Klus aus dem Jura hinaus auf die erhitzten Luftmassen des Lostorfer und Stüsslinger Feldes. Nach dem heftigsten Toben und Tosen mit Blitz und Donner begann hier der Hagelschlag und der kolossale Gewitterregen, der dieses Gewitter charakterisirt. Die Niveaudifferenz zwischen der Rebenfluh und dem Feld macht wohl 200 ᵐ aus und dürfen wir die Höhe des Hagelfalles auf 200—250 ᵐ annehmen. Es muss uns daher nicht wundern, wenn die Hagelkörner so gross wie Baumnüsse und ihre Zerstörungskraft eine sehr bedeutende war.

Merkwürdig ist, dass der Hagel nicht dicht fiel und sehr stark mit Gewitterregen untermischt war. Die, wenn auch spärliche Bewaldung der Rebenfluh und der hinterliegenden Berglehne haben eben doch noch Wirkung gethan.

Von Stüsslingen zog das Gewitter mit ungeheurer Vehemenz längs dem Fuss des Gugen über das offene Feld nördlich des Einschlagwaldes nach Untererlinsbach, wurde dort von der mit alten Fichten und Föhren bewaldeten Höhe „Buch“ südwärts um die Sugennase und auf die Strasse gegen Aarau abgelenkt.

Die Angaben über den Verlauf dieses Gewitters bei Stüsslingen-Lostorf verdanken wir dem Herrn Friedensrichter Meier zur Hütte in der Stüsslinger Klus.

Wir waren selbst Augen- und Ohrenzeuge der Vorgänge bei Aarau und Erlinsbach und haben darüber kurz folgendes anzubringen:

Schon längere Zeit hatte man das drohende Treiben schwarzer Gewitterwolken über dem Hauenstein beobachtet, ohne indessen zu ahnen, dass eine so plötzliche Entladung bevorstehe.

Etwas nach 4 Uhr aber sah man dasselbe förmlich über den Jura sich herabstürzen, den Horizont mit schwärzlichem Grau bedeckend und mit Pfeilesschnelle herankommen.

Es stürzte der schwarzen ungeheuren Wetterwolke, aus welcher Blitz und Donner fortwährend zuckte, ein Orkan voraus, der den Staub auf der Strasse von Erlinsbach nach Aarau zweimal haushoch vor sich her aufthürmte, eine kolossale Staubwolke vor der Gewitterwolke. Aber fast gleichzeitig mit dem furchtbaren Staube und dem ersten Stoss des Orkanes war es auch da, das Gewitter: Wolke, Blitze, Donner, Regen in Strömen und Hagel, dass alle Fensterscheiben sprangen, die Ziegel massenhaft gebrochen, die stärksten Bäume zu Boden geworfen oder ihrer Aeste beraubt und alles, was nicht sehr fest stand, umgeworfen wurde. Kein Sterblicher getraute sich in offenem Felde diesem furchtbaren Ansturm der Elemente zu trotzen. Alles flüchtete und rettete sich, von dem fürchterlichen Anblick erschreckt, in die ersten besten Häuser, in die Wälder und unter Börder, wo es eben anging.

Man kann nicht sagen, dass es hier ein eigentliches Hagelwetter war, denn der Hagelschaden an den Feldern war ein kleiner und sind eigentlich nur wenige, aber allerdings Hagelkörner wie Baumnüsse gefallen, welche grosse Perkussionskraft gehabt haben. Dagegen war der Regenguss ein so ergiebiger, dass er im Nu alle Abzugskanäle füllte. Das ganze Gewitter war nach einer halben Stunde vorbei und südostwärts abgezogen.

Ueber dasselbe berichtet der Gemeindeförster Berner von Rupperswyl:

„Das letzte Hagelwetter hatten wir am 28. Juli 1872, gerade zur Erndtezeit. Es entwickelte sich nordwestlich am Jura und verbreitete sich mit heftigem Nordwestwind sehr schnell über den fast ganz ebenen Suhrhardwald und zog über die Mitte unseres Dorfes circa 800 $^\mathrm{m}$ breit in der Richtung nach Osten.

Es muss hier hervorgehoben worden, dass nördlich der Hauptstrasse die Gemeinde Rohr damals Kahlhiebe geführt hat und dass das Wetter hauptsächlich auf dem 70—80 $^\mathrm{m}$ breiten Streifen der Eisenbahn gegen Rupperswyl gekommen ist.

Die Wirkung dieses Gewitters war eine ziemlich starke, die

Schlossen fielen dicht und theilweise in der Grösse von Baumnüssen. An dem noch stehenden Korn wurde circa ein Drittel abgeschlagen; an den Bäumen beschädigte der Hagel namentlich die jungen Triebe, auch wurden eine Anzahl Fensterscheiben zerschlagen. Im Walde richtete das Hagelwetter keinen erheblichen Schaden an.

Als Schutzwehr für unser Dorf gegen Hagelwetter, welche von Südwesten heranziehen, dient uns der Tannenhochwald in der Füllern, welcher in Folge seiner etwas erhöhten Lage, 400 m über Meer, Gewitter aus jener Gegend bedeutend aufhält. Er sollte niemals kahl abgeholzt werden."

Von Rupperswyl zog sich das Hagelwetter über den alten Tannwald Lenzhard gegen den Aabach *und verlor im Ueberschreiten des Waldes seinen Charakter als Hagelwetter, denn im südlichen Theil von Niederlenz und bei Lenzburg hagelte es gar nicht.*

Dagegen brach ein anderes Hagelwetter, das am Kestenberg bei Holderbank angestanden war, bei der Wildegger Klus südlich heraus in's Aathal und Bünzthal. Nur ein ganz kleiner Theil dieses Hagelwetters konnte die waldigen Höhen oberhalb dem Wiesenthal des Kernenberghofes durch die jungen Schläge der Gemeindewaldung Lupfig übersteigen und im Walde selbst und weiter unten auf dem Birrfelde einigen Schaden anrichten. Die überschrittenen Höhen betragen 480—535 m.

Der Gemeindeförster Meier von Holderbank schreibt hierüber:

„Seit dem Jahre 1870 sind wir von Hagelwettern verschont geblieben, mit Ausnahme vom 28. Juli 1872. An diesem Tage stellte sich etwa um 3 Uhr Nachmittags eine gewaltig dichte Wolke gegen Nordwesten auf und kam um 4 Uhr mit grauenvollem Ausbruch heran. Derselbe dauerte circa eine halbe Stunde und fielen die Schlossen in Haselnussgrösse dicht neben einander, so dass wohl $^1/_{10}$ der Erndte vernichtet wurde. Glücklicherweise fanden der Sturm und das Gewitter südwärts Abzug gegen Wildegg und Niederlenz. Dort fielen die Schlossen baumnussgross und wurde der Schaden dreimal grösser als bei uns.

Die auf dem Felde zwischen Wildegg und Niederlenz reif stehende Erndte bot einen jämmerlichen Anblick."

Der Gemeindeförster Kull von Niederlenz berichtet über diesen Gegenstand:

„Am 28. Juli 1872 entfaltete sich ein Hagelwetter in der Gegend der Geissfluh. Von dort wurde es durch den Westwind getrieben bis nach Wildegg (offenbar nördlich der Gisulafluh, da Auenstein und Biberstein keinen Hagel hatten). Dort aber vom Nordwind erfasst und in Folge Anstosses am Wildeggerberg liess es sich gegen unsern Gemeindsbann zu und entlud sich furchtbar über unser Feld und Dorf. Im nördlichsten Haus an der alten Wildegger Strasse rechts schlug es ein, zündete aber nicht, sondern verursachte nur starke Beschädigungen. Auch hat der Hagel sehr viele Fensterscheiben, jeweilen an der Nordseite der Häuser, zerschlagen. Die Schlossen waren 6 — 7 Linien, beziehungsweise 2 ^{cm} dick.“

Niederlenz hat also seine Hagelschläge entweder von Norden oder von Süden durch das offene Thal, nicht aber von der Seite über die Tannenwaldungen her bekommen.

Es sei hier noch in Bezug auf die Bewaldungsverhältnisse am Westhang des Kestenberges bemerkt, dass unmittelbar über dem Dorf Holderbank Rebgelände oder bloss mit Gestrüpp bewachsene Hänge sind. Nördlich ist der Hang gut bewaldet und südlich gegen das Schloss Wildegg war der schöne Gemeindewald Hau grösstentheils abgetrieben. Diesem Umstande ist es wohl zuzuschreiben, dass das Hagelwetter südwärts ausbrechen konnte.

Das Hagelwetter kann in Holderbank nicht mehr als 150 ^{m} über der Aare gestanden sein, welche dort ein Niveau von 350 ^{m} hat, während dem der schützende Berg an den maassgebenden Stellen wenig über 500 ^{m} Höhe hat. Das Culturland liegt auf circa 400 ^{m} Höhe und hatte hier der Hagel höchstens 100 ^{m} Fall, woraus sich die Haselnussgrösse der Körner erklärt.

Vom Felde zwischen Wildegg und Niederlenz hinweg war der Verlauf des Hagelwetters wieder ein höchst merkwürdiger. Dasselbe zog nämlich nördlich am Lindwald und südlich am Dorfe Möriken vorbei, das Bünzthal hinauf bis zu den Waldparzellen Birch und Brand. Erstere war damals mit einer 3 bis 13 jährigen gemischten Cultur bestellt und letztere war von Norden her zu $^{2}/_{3}$ abgetrieben und höchstens mit 6 jähriger Cultur wieder bestellt. Südlich gegen den Bünzbach zu findet sich ein etwas angebrochener, mehr als 80 jähriger Nadelwald. An diesem und dem alten Holz des Brand muss sich das Hagelwetter in zwei Theile gespalten haben. Der südliche Zug, die Richtung des Bünzthales verfolgend, stiess an der tiefen, stark bewaldeten Einbuchtung des Bergkopfes östlich Othmarsingen, Eggenthal und Bändli genannt, an und da er von der südlich vorspringenden Steinbruchecke beim Hubel festgehalten wurde und die Höhe von 545 ^{m} nicht übersteigen konnte, so erreichte hier der Hagelschlag ein, wenn auch sehr vehementes Ende.

Der Gemeindeförster Bossart von Othmarsingen schreibt hierüber:

„Ganz eigener Natur war das Hagelwetter von Ende Juli 1872. An jenem Sonntag Nachmittags, nachdem eine schwüle Luft es fast unerträglich machte, im Freien zu sein, standen gegen 4 Uhr im Westen starke schwarze Wolken auf, die bald von einem falschen Roth überzogen wurden. Ein fürchterlicher Weststurm erfolgte und bald fielen Schlossen in der Grösse von Baumnüssen, jedoch nicht sehr dicht, so dass der Schaden an der Erndte auf nur $^1/_{10}$ berechnet wurde. (Die vorliegenden Wälder haben etwas geschützt.)

Das Gewitter zog sich grösstentheils dem Kestenberge nach und gegen das Bändli, wo es sich dermaassen entlud, dass man am folgenden Morgen noch ganze Haufen Schlossen fand, während mehr in der Tiefe schon nach einer halben Stunde nichts mehr zu finden war. In den Weinreben am Bändli wurde der Schaden zur Hälfte berechnet.

Als Ursache der Entladung im Bändli vermuthet man die, mit beinahe schlagbarem Niederwald bewachsene Höhe, welche das Wetter angezogen habe."

Von dem längs dem Kestenberg an Brunegg vorbei gezogenen Zweig des Hagelwetters verspürte man in jenem Dorfe selbst nur wenig, etwas mehr auf dem Felde.

Der Gemeindeförster Dürsteler von Birrhard berichtet über dieses Hagelwetter:

„Ende Juli 1872 hat sich an einem schwülen Sonntag Nachmittags vom Jura her ein Gewitter zusammengezogen, welches sich dem Kestenberg entlang nach Brunegg hinzog. Statt seine Richtung gerade vorwärts nach dem Mägenwyler Berg zu nehmen, wurde dasselbe durch starken Südwestwind durch die circa $^1/_4$ Stunde breite Berglücke zwischen der Ostspitze des Kestenberges und dem Maiengrün hindurch unserer Gemeinde zugetrieben, auf welchem Weg es sich anfänglich mit ziemlich starkem Hagelschlag entleerte, so dass stellenweise das reife Korn zur Hälfte abgeschlagen wurde.

Man bemerke hier wieder, dass der Hagelschlag vorzugsweise längs dem Südsaume des Birrhardwaldes stattfand.

Von hier ab sind die Spuren des Hagelwetters nicht mehr weiter verfolgt worden.

Wir haben nun noch dem südlichen Zweige dieses Gewitters nachzugehen, der sich östlich von Aarau über Buchs gegen Hunzenschwyl geworfen und theilweise über den aus Laub und Nadelholz gemischten Suhrhard, theilweise aber südlich des Suhrhard durch jene Lücke bis zur Bresteneggwaldung gezogen ist.

Höchst wahrscheinlich ist ein Theil dieses Gewitterzuges ganz am Hasenberg (Aarauer Oberholz) vorbeigestrichen und hat sich südlich der Stadt gegen Buchs geworfen, wo der Hagelschaden nur noch ganz unbedeutend gewesen ist, wie dortseits gemeldet wird, während dem der Hauptzug über Rohr und Hunzenschwyl ging und welcher besonders in dem gen Westen freiliegenden Rohr grossen Schaden anrichtete.

Einen ganz unbedeutenden Schaden hatte das zwischen dem Suhrhard und dem Lotten- oder Hürnenberg liegende Dorf Hunzenschwyl, das indessen gerade gegen Westen hin ziemlich offen und frei liegt. Wäre in der Richtung gegen Buchs, Aarau und den Jura jene Lücke zwischen dem Oberholz und dem Suhrhard nicht durch die alte Tannenhochwaldung Brestenegg theilweise verlegt, so würde Hunzenschwyl mehr von Hagelwettern zu leiden haben.

Hören wir übrigens den Gemeindeförster Zubler von Hunzenschwyl über das Hagelwetter. Er sagt:

„Schon um Mittag zeigten sich Gewitterwolken im fernen Südwesten und nur langsam nahten dieselben heran. Erst glaubten wir, das Wetter ziehe sich ganz dem Süden zu, aber es war Täuschung, denn es zog sich allmählig dem Jura oberhalb Olten zu und nachdem es schon mehr als zur Hälfte über den Jura gestiegen war, drehte sich der Sturm und das Wetter kam, begleitet von einem furchtbaren Sturm, über Buchs zu uns heran. Die Hagelkörner fielen nur sparsam circa 5 Minuten lang, aber in der Grösse von Baumnüssen. Der Schaden betrug circa $\frac{1}{15}$ der Erndte. Oberhalb dem Dorfe war gar kein Hagel gefallen und man glaubt allgemein, der Lottenwald sei daran Schuld.

Das Wetter hatte von hier die Richtung über Lenzburg und fuhr bis gegen den Bodensee."

Ebenso berichtet man aus den Gemeinden Schafisheim, Staufen, Lenzburg und Ammerswyl, dass dorten kein Hagel gefallen sei.

Höchst wahrscheinlich hat der Staufberg den ohnehin spärlichen Hagelfall dieses sonst sehr heftigen Gewitters gänzlich gestopft.

Merkwürdig ist nun, dass der Hagelfall auf der Langele und bei Dintiken neuerdings wieder begann, während dem Hentschiken noch ganz verschont blieb.

Aber auch dieser Wiederbeginn des Hagelwetters entfernt sich nicht von der Entstehungsregel. Die Gewitterwolken strichen nämlich über den kahlen Schlossberg und den Goffersberg und über das 100 m tiefer liegende Feld zwischen diesem Berg und dem Hendschiker Rainwald, welch letzterer, sonst aus altem Laubholz bestehend, beim Buhlberghof eine schmale Verbindung mit dem Lütisbuch hat. Diese war gerade damals in Abholzung begriffen und waren die Schläge, nach Angaben des Herrn Forstverwalters W. von Greyerz, an der Steig, am Nordende des offenen Landes Bühl seit drei Jahren angelegt.

Westlich des offenen Landes war damals eine beträchtliche Fläche des Waldes mit einer circa 3—4 jährigen Fichten- und Föhrencultur bestellt, welche dem Gewitter natürlich völlig freien Durchpass gab.

Der erste Hagel fiel nun am Ostausgange des kahlen, kesselförmigen Ammerswyler Thälchens gegen den Herrliberg, in der Richtung auf Dintiken zu.

Interessant ist nun der bezügliche Bericht des Gemeindeförsters von Dintiken. Er schreibt:

„Nach längerer regenloser Zeit erschienen am westlichen Himmel trübe Wolken, die bald von Blitzen durchzuckt wurden. Es war Nachmittags nach 4 Uhr und ziemlich ruhige Luft gewesen. Da auf einmal brausten die Stürme von Nordwest gegen Südost; es fielen grosse Regentropfen und kaum einige Sekunden später der Regen mit Schlossen begleitet.

Die Schlossen fielen Anfangs nicht dicht; einige erreichten aber die Grösse eines Taubeneies.

Der Schaden war im Ganzen erheblich; ich glaube aber, auf dem Langelefeld und in unserem Gemeindebann sei nicht der fünfte Theil der Erndte zu Grunde gegangen. Damals wurde bei uns das ganze mit Getreide bepflanzte Langelefeld vom Gewitter bestrichen. Gegen Westen wird es begrenzt vom Herrliberg und vom Rietenberg. Ersterer ist zwar nur ein Theil des letzteren, aber es befindet sich ein circa 50 m tiefer Einschnitt zwischen beiden. Der Rietenberg ist auf seinem ganzen Rücken mit Wald, zum Theil mit Hochwald bepflanzt, der östliche Abhang jedoch nur bis zur Hälfte. Der Herrliberg war früher auf seinem Gipfel ebenfalls mit Tannen bepflanzt, jetzt aber nur noch theilweise.

Bei jenem Gewitter konnte man deutlich sehen, *dass der Schaden am grössten war auf einem Strich, welchem der Einschnitt zwischen Herrliberg und Rietenberg nach Südosten die Richtung giebt.* Einzelne Grundstücke am östlichen Abhange des Herrliberges blieben beinahe verschont, während andere, näher dem Einschnitt gelegene, bedeutend litten. Auch litt das Feld mehr als die Abhänge.

Von Dintiken zog das Gewitter mit Hagelschlag noch eine Strecke weit in südlicher Richtung ab und hörte dann auf.

Herr Kreisförster Dössekel in Muri schreibt darüber:

„Ende Juli 1872 hat ein von Villmergen heraufziehendes Gewitter einerseits über Büelisacker und Waltenschwyl und andererseits in südlicher Richtung über Büttikon und einen Theil des Dorfes Uezwyl bis aufwärts zum Niesenberg Hagelschlag gebracht, der die Getreideerndte fast zur Hälfte vernichtete."

Es hat sich also das Hagelwetter an der bewaldeten Bergnase bei Büelisacker (Bärenholz) in zwei Theile gespalten, die ganz verschiedene Richtungen einschlugen, indessen aber bald ihre Endschaft erreichten.

Ohne Zweifel hat das Gewitter vom 28. Juli in dieser südöstlichen Richtung noch weiter seinen Weg fortgesetzt, ohne indessen in unserem Kanton Hagelschlag zu verursachen.

Die ganze Längenentwickelung des Hagelschlages betrug vom Lostorferfeld an bis Niesenberg 32 km.

Am gleichen Tage hat indessen noch ein anderes, etwas südlicher verlaufendes Gewitter Hagelschaden in ganz erheblichem Maasse verursacht und haben wir auch diesem etwas genauer nachzugehen.

Von den, zwischen dem Jura und dem Born über Olten daher

kommenden Gewitterwolken hat sich bei Obergösgen und Dänikon offenbar gedrängt durch das bei Lostorf aus dem Jura austretende Gewitter, der grössere Theil südlich über Waid in's Suhrethal hinübergezogen.

Der Höhenzug zwischen dem Aarethal und dem Suhrethal ist hier blos 480—504 m hoch, jedoch meist mit Tannenhochwald bewachsen.

Das Gewitter, welches über die Rebenfluh kam, hatte 650 bis 700 m Höhe und durfte sich also noch beträchtlich senken, ehe es resp. seine Vorläufer an jenem bewaldeten Höhenzug, auch noch 30 m Waldhöhe zugerechnet, anstiess.

Uebrigens hatte die Gemeinde Ober-Entfelden in ihren Waldungen gerade dort auf der Höhe schon seit mehreren Jahren Kahlschläge geführt und betrug die Oeffnung wohl 500 m Breite. In Folge von starkem Engerlingschaden in den Culturen steht dieselbe heute noch ziemlich offen und ist noch kein Schluss des Nachwuchses erreicht.

Als das Gewitter diesen Rücken überschritten hatte und mitten auf das Suhrethal zu stehen kam, da entstanden wieder jene eigenthümlichen Erscheinungen in der Wolkenfärbung und hörte man das gefürchtete Tosen und Toben und bald nachher erfolgte einen Kilometer unterhalb Entfelden der erste Hagelschlag.

Die Gemeinden Ober- und Unter-Entfelden blieben verschont und weiss man in letzterer Gemeinde noch von keinem Hagelschlag.

Dagegen war der Hagel sehr stark am jenseitigen Berghang bis in's Oberthal 480 m hoch hinauf und scheint es, dass das Hagelwetter wohl 550 m gestanden habe. Höher stand es nicht, denn es konnte die Schornighöhe 575 m nicht übersteigen und ergoss sich im Thal über Suhr dahin, freilich immer mit nordwestlichem bis westlichem Wind.

Der Gemeindeförster, Ammann und Grossrath Zehnder von Suhr schreibt hierüber:

„Seit dem Jahre 1870 hat es in der Gemeinde Suhr nur einmal gehagelt und zwar am Sonntag, den 28. Juli 1872.

Die Schlossen fielen Nachmittags gegen 4 Uhr, von einem orkanartigen Westwinde getrieben, dicht, in der Grösse von Hasel- bis Baumnüssen. Der Schaden war sehr bedeutend, namentlich auf den Getreidefeldern, wo ein Dritttheil bis vier Fünftheile der Erndte vernichtet wurden.

Aber auch alle übrigen landwirthschaftlichen Produkte litten und besonders die Fruchtbäume, die theilweise vom Winde entwurzelt und ihres Laubes und ihrer Früchte beraubt wurden. Allgemein herrscht sonst bei uns die Ansicht, dass der mit Tannwald bedeckte Höhenzug zwischen Kölliken und Entfelden einer- und der solothurnischen Grenze andererseits, dessen östlicher Ausläufer der Gönhard ist, uns vor Hagelwettern schütze, weil wir seit 1824 nie erheblich zu leiden hatten. Aber Anno 1872 hat sich diese Ansicht nicht bewährt. Das Gewitter kam gerade über diesen Höhenzug herüber. Trotz diesem Ausnahmefall darf dennoch obgenannter Höhenzug als Hagelablenker für unsere Gegend betrachtet werden und es ist sehr zu wünschen, dass dieser Höhenzug auch in Zukunft mit Nadelwald bestockt bleibe."

Vom Dorfe Suhr an, von welchem übrigens nur die südliche Hälfte erheblich getroffen wurde, nahm das Hagelwetter eine mehr südöstliche Richtung gegen jene unbewaldeten Höhen der Vorstadt Gränichen, des Herdernberges und des Hochspühl, nicht ohne auch im Thal bedeutend zu schaden.

Vom Hochspühl, 520 m über Meer, nahm es seinen Weg, ohne grossen Schaden zu thun, längs dem Schlag in Sieben-Ziedern gegen die Rekholdern, einer damals kaum 6—8jährigen Fichtencultur und gegen den Bettenthaler Einschnitt, dessen Abhänge schlecht bestockte und vielfach verhauene Laubholz-Privatwaldungen tragen. Von den Bettenthaler Höfen an dagegen ist das Wetter wieder ·recht schädlich aufgetreten.

Der Gemeindeförster Dössekel von Seon berichtet hierüber:

„Das Hagelwetter vom Sonntag den 28. Juli 1872, das Seon betroffen, hatte seine Richtung gegen Südost. Um 2 Uhr fing der Himmel an sich zu verdunkeln, ohne eigentliche Gewitterwolken zu zeigen, was sehr auffallend ist und selten vor einem Gewitter zutrifft. Erst gegen 3 Uhr stiegen im Westen gefahrdrohende Wolken auf, die so blitzschnell mit Sturm naheten, dass schon um $3\frac{1}{2}$ Uhr das Gewitter uns erreichte. Ungefähr 10 Minuten lang fiel der Hagel so dicht, dass der Boden gänzlich mit Schlossen bedeckt war, von denen viele die Grösse von Baumnüssen erreichten. Da die Erndte blos ihren Anfang genommen hatte, so war der Schaden ziemlich gross. Der Höhenzug, den dieses Gewitter überschritten, ist der nördliche Theil des Scheuerberges (Hof Bettenthal) zwischen Gränichen und Seon. Es schien bei

der Ueberschreitung desselben, als wolle sich das Gewitter ganz
östlich wenden. Es kehrte sich aber bei ungeheurem Sturm etwas
südwärts und betraf unsere Gemeinde sowie die Ortschaft Retters-
wyl. Immerhin nahm es in der Hauptsache die Richtung nach
Egliswyl, wo es, so viel mir bekannt, am hohen, gut bewaldeten
Rietenberg sein Ende fand. Als Schutzwehr, glaube ich, kann
man den ganzen Höhenzug im Westen von Seon, Berg und Bampf
betrachten, indem ich noch nie gehört habe, dass ein Gewitter
aus Westen uns Schaden gebracht habe. Nur diejenigen von
Süden und Norden, wo sich Vertiefungen und keine Höhenzüge
befinden, sind zu fürchten."

Das Gewitter stand über der Thalebene von Seon, welche die
Quote 450 m hat, circa 150 m hoch, indem die höchste Stelle des
Berges östlich Bettenthal 571 m hat und das Gewitter daher wohl
600 m hatte. Dieser Höhe entspricht denn auch hier wieder die
Nussgrösse der Schlossen.

Aus den benachbarten Ortschaften Teufenthal, Dürrenäsch und
Niederhallwyl ist die Meldung eingegangen, dass seit 1870 kein
Hagelwetter aufgetreten sei und ergiebt sich auch hieraus, wie
sehr der Hagelschlag lokalisirt war.

Nachdem wir den südlichen Zweig des, hinterhalb Suhr auf
dem rechten Aareufer entstandenen Hagelwetters vom 28. Juli
1872 beschrieben und in seinem Verlauf verfolgt haben, bleibt
uns noch übrig, den Effekt des Gewitters nördlich vom Kettenjura zu verfolgen.

Gleichzeitig mit dem Gewitter, welches längs der Gislifluh bei
Holderbank in's Aarethal gebrochen und südlich verlaufen ist, hat
sich ein Hagelwetter über den Bötzberg nach Altenburg, Brugg
und Windisch und theilweise nach Hausen geworfen.

Wir schicken hier die Bemerkung voraus, dass das Plateau
des Bötzberges grösstentheils unbewaldet ist und dass eine Anzahl
Parzellen, theils junge Culturen trugen, wie z. B. der Wiedacker südlich vom Stalden und theils in Abtrieb begriffen waren, wie das Birch.

Es hatten also die Gewitter, welche aus dem Frickthal gegen
das Aarethal vordrangen, hier einen um so leichteren Uebergang,
als der breite Rücken beim Stalden nur 574 m Höhe aufweist,
und südlich bei der Linner Linde 500 m breit ganz kahl ist.

Ueber die Art und Weise, wie das Gewitter in's Aarethal stieg, lassen wir dem Gemeindeförster von Altenburg das Wort.

Derselbe berichtet Folgendes:

„Es war bekanntlich der 28. Juli 1872 ein Sonntag. Die Sonne sandte glühende Strahlen von dem klaren Himmel herab bis gegen Nachmittags 3 Uhr, als der Himmel anfing, seine heitere Miene in düstere Falten zu ziehen. Plötzlich verkündeten von Westen her kommende heftige Windstösse die Ankunft eines Gewitters. Die Dünste der Atmosphäre, deren Hitze sich bis zur Unerträglichkeit gesteigert hatte, verdichteten sich und die Wolken traten immer dichter zusammen und jagten, als der furchtbare Sturm begann, einer wilden Jagd gleich, über die Häupter der erschreckten Menschen dahin. Bei uns stürzte der Sturm vom Bötzberg herunter und führte uns immer mehr der unheimlichen Gäste zu, die, endlich ihrer kalten Last müde, circa $\frac{1}{4}$ Stunde lang eine Menge von Schlossen bis zu der Grösse einer Baumnuss herunter schleuderten. Die Ziegel rasselten dröhnend von den Dächern, die Fensterscheiben klirrten zerbrochen in den Stuben, die Bäume ächzten unter der Wucht des Sturmes und viele erlagen dem Andrange. Als endlich das Gewitter nachliess, war manche Hoffnung des Landmannes auf den Genuss der Früchte seiner Arbeit dahin.“

Das Gewitter hatte sich gegen Brugg, Windisch und Siggenthal und theilweise südlich gegen Hausen gezogen. Das Aarethal hat bei Altenburg eine Höhe von 350 m und muss daher das Gewitter hier nach dem Ueberschreiten des Bötzberges eine Höhe von circa 250 m über dem Thal gehabt haben, woraus sich auch die ziemliche Schlossengrösse erklärt.

In der Richtung auf Hausen liegt die mit Tannen bewaldete Ostspitze des Habsburger Berges. An dieser Ostspitze waren nun aber gerade seit 1850 Kahlschläge geführt, welche noch nicht ganz $\frac{1}{4}$ des ganzen Waldes ausmachen, so dass die lange Schlaglinie ungefähr in der Richtung von Altenburg nach Hausen quer über den Berg läuft. — Die ältesten Schläge an der Ostspitze wiesen damals bereits 20jähriges Holz auf. Es konnte also das Gewitter hier nur theilweise aufgehalten werden. Der Rücken des Berges mit den Schlagflächen hat rund 420 m Höhe und war daher das Ueberschreiten noch möglich, auch nachdem sich das Gewitter gesenkt hatte.

Der Staatsbannwart und Gemeindeförster Widmer von Hausen berichtet nun:

„Seit 1870 ist ein einziges Hagelwetter von Bedeutung über unsere Gemeinde gezogen. Es war dies am 28. Juli 1872 Nachmittags zwischen 4 und 5 Uhr. Dasselbe entstand gegen Nordwest und zog sich vom gewaltigen Sturmwind, unter fortwährendem Blitz und Donner, in der Richtung gegen Osten und Südosten. Das Hagelwetter, von strömendem Regen begleitet, dauerte circa ½ Stunde und dehnte sich bis in's Aarethal und gegen den Bötzberg aus. Der Hagel fiel nicht dicht, jedoch in Schlossen bis zur Grösse von Hühnereiern mit allen möglichen Ecken und Formen. Er hat nicht viel Schaden angerichtet, mehr der ungewöhnlich starke wolkenbruchartige Regen. Wir glauben, dass eine alte, bei uns viel verbreitete Sage wohl begründet sei, dass nämlich der Tannwald uns vor den gefährlichen Hagelwettern schütze, denn auch diesmal spürte man den meisten Hagelschlag längs dem alten Holze über die letzten Kahlschläge. Aber auch der ganze Habsburger Berg ist für uns ein Wetterschutz. Schon manches Wetter, das sich an der Gislifluh entwickelte und uns zu überraschen drohte, hat einen guten Verlauf genommen, als wäre es an der Habsburg abgeprallt und entweder südwärts oder nordwärts abgelenkt worden.

Ueber dasselbe Gewitter berichtet der Gemeindeförster Schatzmann von Windisch:

„Nach 2 Uhr stiegen im Westen weissschwarze Wolken auf und ein tosender Donner begleitete sie nach Osten. Die Winde von Südwesten und Nordosten stritten sich um das Wetter. Dann kam es mit aller Kraft durch's Aarethal heran und liess seine Verheerungen über Stadt und Dorf, Feld und Wald ergehen. Die Dächer der Häuser wurden zerschlagen, die Obstbäume der Hälfte der Früchte beraubt und vielfach ausgedreht vom Winde. Die Schlossen waren von verschiedener Grösse und Gestalt. Von Brugg gegen Windisch gab es solche von der Grösse einer Haselnuss, wogegen sie in Oberburg baumnussgross, freilich weniger dicht und mehr schneeartig waren.

Verwunderung ab Seite der Bevölkerung erregte der Umstand, dass an der Strasse gen Mülligen je länger je weniger Schlossen gefallen waren, je mehr das Terrain gegen Westen durch den Wald „Im Kapf“ gedeckt war. Es musste also der bewaldete Höhenzug des Lindhofes das Wetter abgeleitet haben.“

Der Kapf war damals noch mit 35 jährigem Laubholz auf
der Westseite und mit altem und jungem Tannwald auf der Ostseite bestanden, wovon jedoch die alten Tannen stark dem Windbruch ausgesetzt waren.

Dem Vernehmen nach hat dieses Gewitter am Gebensdorfer
Horn und am Siggenthaler Berg seine Endschaft erreicht.

Vide Karte Beilage I.

o. Andere Hagelwetter.

Wir könnten nun auch der Gewitter gedenken, welche von
Norden her über den Siggenthaler Berg gegen Birmensdorf und
Mülligen und desjenigen, welches im Jahre 1874 von Hausen
über Windisch nach Lauffohr gezogen ist und welche beide Hagelschlossen stellenweise fallen liessen.   Allein die Erhebungen darüber sind zu unbestimmt und ungenau, um Werth zu haben.

Es hat weit mehr Interesse, die Mittheilungen aus Gemeinden
längs dem Jura hervorzuheben, welche selten vom Hageschlag betroffen werden.

Von Mülligen an der Reuss wird berichtet, dass der Mülliger-
berg gegen Westen vor Gewittern und besonders vor Hagelwettern
schütze.

Der Förster Riniker von Habsburg, jener rings von Wald
umrahmten Gemeinde auf dem Wölpelsberge, berichtet, dass seit
Mannsgedenken blos zwei Hagelwetter dorten geschadet hätten, nämlich dasjenige vom 16. Juli 1824 und dasjenige vom 4. Juli 1845.

Ueber Ersteres wird berichtet: Es sei am Nachmittag von
der Gislifluh hergekommen und habe das Korn auf dem Felde bis
auf den Boden zerschlagen.   Es sei dann über den Staatswald
Boll gezogen und habe am Guggerhübel (Scherzberg) südlich von
Hausen seine Endschaft erreicht.   Alte Leute behaupten, die Holzschläge des Staatswaldes Eichhalde am Westhang der Habsburg
ob dem Bad Schinznach seien damals über die Privatwälder im
Brand vorgerückt gewesen und sei dadurch eine Lücke von circa
150 Schritten im Waldrand am Feld entstanden.   Das Gewitter
habe sich von der Fluh her in die Tiefe gezogen und sei zum
Theil bei dieser Lücke auf das Habsburger Feld getreten, während
ein anderer Theil am schlagbaren Walde aufgehalten oder thal-
abwärts gewiesen worden sei.

Leute von Linn und Bötzberg erzählten, sie hätten, während dem das Gewitter unten im Thale brauste, über dasselbe hinausschauen können und die Sonne habe auf Bötzberg prächtig geschienen. Der Anblick, den man gehabt habe, sei nicht zu beschreiben: grüne, blaue und gelbe Farben bunt durcheinander, durchzuckt von Blitzen, die theilweise aufwärts fuhren gleich einem Feuerwerk.

Einundzwanzig Jahre später sei die Eichhalde wiederum theilweise abgeholzt gewesen, als das Wetter von 1845 in ähnlicher Weise über diese Berggemeinde hereinbrach.

Es kann also das Wetter von 1824 höchstens 150—200 $^\mathrm{m}$ über die Thalsohle gestanden haben, die dorten 350 $^\mathrm{m}$ hat.

Die Ortschaft Linn liegt 586 $^\mathrm{m}$ hoch. Das Habsburger Feld hat an der Einbruchstelle des Hagelwetters 480 $^\mathrm{m}$.

Aus der Gemeinde Scherz wird berichtet, dass man dorten schon lange von Hagelwettern verschont geblieben sei und dass man dies dem bewaldeten Bergkopf westlich gegen Birrenlauf und südlich dem Kestenberg zu verdanken habe. Ein einziges ganz schwaches und unschädliches Hagelwetter sei Anno 1873 von Stalden und der kahlen Höhe von Linn her gekommen.

Auch in den Gemeinden Lupfig und Birr, die schon lange von heftigen Hagelwettern verschont geblieben sind, sieht man die bewaldeten Höhen südlich und westlich für eine wirkungsvolle Schutzwehr an.

Die Gemeinde Veltheim am Fusse der Gyslifluh sei ebenfalls schon seit langer Zeit von schweren Hagelwettern verschont geblieben und werde dies dorten der Gyslifluh und dem „Grund" ob Schinznach zugeschrieben. Es seien blos die von Nordosten ab dem Bötzberg kommenden Gewitter gefährlich.

In der Gemeinde Holderbank sind die Hagelwetter von 1824 und 1845 von der Fluh ebenfalls sehr schädlich aufgetreten. Ueberdies aber gab es Hagelschlag von derselben Seite her Anno 1831 und 1862. —

Bemerkenswerth sind' noch die vielseitig bestätigten Mittheilungen über die Hagelgefahr aus der weinreichen Thalschaft von Schlinznach, Oberflachs und Thalheim.

Diese wird südlich durch die waldreichen Jurakämme der Gyslifluh und des Bibersteiner Homberges und nördlich durch den 735 $^\mathrm{m}$ hohen Grund, die Würz und den Hard eingerahmt. Gegen

Südwesten, jenseits des Staffeleggpasses, erhebt sich in der Mitte zwischen beiden Thalwänden das waldige Massiv der Wasserfluh zu einer Höhe von 871 ᵐ und deckt die ganze Thalschaft gegen Westen.

Dieser bewaldeten Wasserfluh und ihrer Lage zum Thal schreiben es dessen Bewohner allgemein zu, dass sie von Westen her niemals Hagelwetter haben. Wir müssen diese Ansicht theilen, weil sonst kein anderer Grund für das Ausbleiben von Hagelwettern in dem ganz kahlen Thalgrund gefunden werden könnte. Die Lage und gute Bewaldung der Wasserfluh ist neben anderen Verhältnissen die Ursache der Abträglichkeit der Weinberge am Südhang und des verhältnissmässigen Wohlstandes der Gegend.

Hagelschläge treten in diesem Thal nur auf, wenn solche von Linn her ab dem Bötzberg in's Aarethal fallen und dorten vom Nordostwind erfasst und von unten her in's Schinznacher Thal getrieben werden. Diese sind aber selten und nicht sehr heftig.

Es ergiebt sich hieraus auf's Schlagendste die Gefährlichkeit der Waldlücke bei Linn.

---

3. Die Hagelwetter aus dem Gebiet des Sempachersees.

a. Der Gewitterzug aus dem Becken des Sempachersees gegen das obere Wynenthal.

Unter diesen Hagelwettern verstehen wir solche, welche aus der Umgebung dieses Sees entweder vorzugsweise von Süden her oder dann von Westen her über den Lindenberg in unsern Kanton eingebrochen und schädlich aufgetreten sind. Aus der sumpfigen Niederung des oberen Suhrenthales mit dem Sempachersee und aus dem Becken des Mauensees und des Wauwyler-Mooses ist in der Richtung der herrschenden Luftströmung die nächste Einbruchstelle in das Kantonsgebiet die Lücke bei Menziken, am Südabfall des 874 ᵐ hohen Sternberges, wie wir dies früher bei den Nachweisungen über die Windthore gesehen haben. Dem Bericht des Försters Sager von Menziken entnehmen wir folgende Mittheilungen über die Gewitterzüge in dieser Gegend:

„Wenn wir auch seit 1870 wenig von Hagelwettern zu leiden gehabt haben, und ich insofern meinen Bericht kurz fassen könnte, so muss ich doch darauf aufmerksam machen, welch wichtige Rolle der hohe Sternberg auf der Westseite unseres Thales noch spielt und in früheren Jahren bereits gespielt hat.

Auf der südlichen Anhöhe vor dem Dorfe auf dem rechten Wyne-Ufer befindet sich ein Feld, „Dürrärgertle" genannt und weiter östlich darüber gelegen ein Landcomplex, der den jetzt verschollenen Namen „Wetterthalacker" trug. Beide Flurnamen sollen zu einer Zeit entstanden sein, wo wegen allzu häufiger Hagelverheerung diese Stellen nicht mehr bebaut wurden und die damaligen Bauern vorzogen, das Land im Berg zu bebauen, welches westlich von unserem Gemeindewald liegt oder vielleicht jetzt einen Theil desselben macht.

In der zweiten Hälfte des 18. Jahrhunderts wurde unter der Fürsorge der Berner Regierung das Kaufhaus zu Reinach erbaut und soll hierzu das Holz auf der Höhe des Sternberges geschlagen worden sein. In Folge dieser Hiebe seien damals eben die Hagelwetter so häufig aufgetreten.

Anno 1817 zog ein Hagelwetter von Rikenbach her am südlichen Fusse des Sternberges vorüber, über einen Theil der in der Tiefe liegenden Waldparzelle und über den oberen Theil des Dorfes Menziken, ziemlichen Schaden anrichtend. Die Hagelkörner sollen $1-1^1/_2$ Zoll (3—5 cm) gross, eckig und gelblich gewesen sein, mit einem weissen Kern."

Das Niveau von Niederwyl beträgt 660 m und wenn man nun annimmt, dass hier das Gewitter 100 m hoch gestanden habe, so muss es über der Thalsohle mit 540 m Höhe doch wenigstens 220 m gestanden sein und erklärt sich hieraus die Schlossengrösse zur Genüge.

„Ende Juni 1824 fuhr ein starkes Hagelwetter näher an der südlichen Seite des Berges in nordöstlicher Richtung zwischen dem Bleiwald und dem Tannwald Berg durch, über das Blattenfeld am Ostabhang des Sternberges gegen den Reinacher Einschlag. Der Hagel soll fusshoch gelegen und die Hagelkörner sollen eine mehr rundliche Form, weissliche Farbe und höchstens die Grösse von Baumnüssen gehabt haben.

Während den Jahren 1830, 1834, 1850 und 1856 sollen verschiedene Hagelwetter theils über Pfäffikon, theils weiter nördlich über die Nordabdachung des Sternberges bald mehr, bald weniger verheerend gezogen sein. Sie hatten aber immer den Weg über minder hohe, grösstentheils entwaldete Stellen genommen.

Ein bedeutendes Hagelwetter war dasjenige vom 9. Mai 1865, über welches der Gemeindeförster folgendes berichtet:

„Dasselbe kam aus gleicher Richtung wie dasjenige von 1824, also zwischen dem Bleiwald und dem bewaldeten Südfluss des Sternberges durch über Pfäffikon und das Centrum des Dorfes Reinach, wo es von der Aarbise etwas aufgehalten und durch den Beinwyler Einschnitt ostwärts abgelenkt wurde. Die Schlossen hatten eine zusammengedrückte rundliche Form, wie kleine Aepfel von 1—1½ Zoll (3—5 cm) Durchmesser. Die Farbe war gräulich weiss, mit einem weissen Ring im Innern. Der Schaden an Bäumen und Früchten war nicht so bedeutend, wie man anfänglich glaubte. Dagegen aber war der Schaden an Fensterscheiben und Dachziegeln um so bedeutender in Folge der grossen Gewalt, mit welcher die Schlossen geschleudert wurden. Der Vorrath aller Ziegelhütten auf eine Entfernung von 3—4 Stunden im Umkreis reichte nicht hin, nur den ersten Bedarf zu decken.

Der Gemeindeförster Haller von Reinach bestätigt in seinem Bericht diesen Verlauf des Gewitters und bemerkt, es seien hundert Tausende von Ziegeln zerschlagen worden und hätten die Schlossen Form und Grösse einer Spindeltaschenuhr gehabt. Als Schutzwehr gegen Hagelschaden werde dort allgemein der Sternberg angesehen und sei noch nie ein Hagelwetter über gutbewaldete Stellen des Berges gekommen.

Auch am 7. August 1872 kam ein Gewitter am Südfuss des Sternberges wie Anno 1817 vorbei, welches längs der Kantonsgrenze und gegen Schwarzenbach auf einem schmalen Streifen hagelte. Auch bei diesem Hagelwetter erzeigte es sich, dass die Schlossengrösse in enger Beziehung zur Höhe des Gewitters steht und dass die Breite des Hagelstriches nahezu der Breite der Lücke entspricht, welche an der Südseite des Fusses des Bergwaldes zwischen diesem und dem Bleiwald liegt und welche 500 m beträgt.

Wir haben hier noch des Gewitters vom 14. Juli 1873 zu erwähnen, welches in Reinach und Menziken zwar nicht als Hagelwetter aufgetreten ist, aus welchem sich aber jenseits des Hallwylersees ein starkes Hagelwetter entwickelt hat.

Der Gemeindeförster Sager von Menziken berichtet:

„Den 14. Juli 1873 auf der Kuppe des Berges 874 m hoch mit einer Durchforstung beschäftigt, wurde ich mit meinen Arbeitern so zu sagen von einem Gewitter überrascht. Obgleich das mitgenommene Thermometer jetzt 20 Grad gegen 18 des vorigen

Tages zeigte, ahnten wir nichts Aussergewöhnliches, zumal wir
mitten im geschlossenen Walde keine Aussicht hatten. Nachdem
sich die Arbeiter beim Anbruch des Gewitters in einer eigens
hergerichteten Reisighütte geborgen glaubten, begab ich mich auf
die westliche Lichtung. Aber keine 100 Schritte weit konnte ich
sehen. Alles war in wirbelndem Tanze und der durch die Gewalt des Sturmes gepeitschte Regen trieb mich wieder in den
Wald zurück."

Ueber dasselbe Gewitter berichtet der Gemeindeförster Haller
von Reinach:

„Der Tag war heiss, noch als sich die Sonne längst hinter
den schwarzen Gewitterwolken verborgen hatte. Der Wind kam
von Nordwesten und brachte das Gewitter, als es die ziemlich
stark bewaldeten Höhen des Sternberges überschritten hatte, etwas
thalaufwärts. Es war schauerlich, demselben entgegen zu sehen
und man war allgemein in höchster Besorgniss, diesmal verhagelt
zu werden. Allein ein von Südwest kommender Wind trieb das
Gewitter ziemlich schnell über den südlichen Abhang des Homberges und durch die Beinwyler Lücke und theilweise noch über
die südlich anstossenden Waldungen in einer Breite von einer
halben Stunde dem Seethale zu. Bei uns ging das Gewitter mit
Sturmwind und starkem Regen ohne Schaden vorüber. Es hagelte
erst, als es den Hallwylersee und die Höhen bei Sarmenstorf überschritten hatte."

b. Geschützte Lagen im Wynenthal.

Weiter abwärts im Wynenthal, in Leimbach, Zezwyl, Ober-
und Unter-Kulm und Teufenthal sind die Hagelwetter äusserst
selten, wie wir dies aus dem vorigen Abschnitt mit Bezug auf
Teufenthal und Kulm gesehen haben.

Der Gemeindeförster von Leimbach schreibt, dass seit Mannsgedenken die Gemeinde blos von zwei Hagelwettern betroffen worden sei, welche geschadet hätten. Meistens zögen die Gewitter
über die Wandfluh bei Zezwyl nördlich am Homberg oder durch
die Beinwyler Lücke südlich am Homberg vorbei und werde deshalb der Homberg allgemein als Schutzwehr angesehen.

Aus Zezwyl wird berichtet, dass seit 1863 kein Hagelwetter
mehr vorgekommen sei und dass auch damals nur wenig Schaden
in dem engen Thal des Wust entstanden sei.

Aus diesen Angaben erhellt neuerdings die Bedeutung des bereits früher beschriebenen Wind- und Gewitterzuges vom Wauwyler Moos und dem Sempachersee her in der Richtung der Strasse Sursee-Münster über jenes flache, moorige und waldlose Plateau von Gunzwyl-Rikenbach auf den Südfuss des Sternberges oder westlich und nördlich an demselben vorbei gegen die Beinwyler Lücke und auf den Hallwylersee.

Heben wir hier noch den Bericht des Gemeindeförsters Härri von Beinwyl hervor, welcher über die Verhältnisse an der Ostseite des Homberges Auskunft giebt. Derselbe sagt:

„Bei uns hagelte es vor 1870 fast jedes Jahr, manchmal sogar ausschliesslich über unseren Zwing. Seither hatten wir weniger Hagelwetter. Im Ganzen nehmen die Gewitter folgende Richtungen:

1. Vom reinen Nordwestwind über die Eichhalde (Häfni) von Leutwyl her, wenn das Gewitter hoch genug ist, in der Richtung gegen den Wylhof.

2. Von Westen, wenn das Gewitter das Wynenthal aufwärts vom einfallenden Westwind durch die Lücke zwischen der Wandfluh und dem Homberg über den kahlen Berg getrieben wird. In dieser Lücke schützt jede Hecke und ein Baum den andern, weil der Hagel nur sehr schief fällt. Gerade in dieser Lücke ist leider die Bewaldung mangelhaft oder fehlt ganz.

3. Von Süden her, wenn der Föhn ein Gewitter erfasst, welches die Lücke vor dem Homberg nach Beinwyl passirt hat und es zu uns treibt.

    Ueber den Homberg selbst ist noch nie ein Gewitter gekommen.“

Wir haben hier nur noch darauf aufmerksam zu machen, dass die Lücke nördlich am Homberg in südwestlicher Richtung mit der Waldlücke nördlich am Gontenschwyler Tannwald auf dem Berge gegen das obere Ruederthal und dem Benkelloch correspondirt.

In Leutwyl sollen die Hagelwetter ziemlich selten sein und sei seit 1870 gar keines vorgekommen.

Aus Beinwyl werden die bereits notirten Gewitter, im Uebrigen nichts Bemerkenswerthes signalisirt.

4. Gewitterzüge aus dem Thal des Hallwyler- und Baldegger-Sees.

Das Niveau des Baldeggersees beträgt 467 ^{m} und dasjenige des Hallwylersees 452 ^{m}. Die Länge des ersteren beträgt 4400 ^{m} und seine mittlere Breite 1400 ^{m}, was einer Fläche von 616 ^{ha} gleichkommt. Der Hallwylersee ist 8 ^{km} lang und 1,5 ^{km} breit und hat eine Fläche von 1200 ^{ha}. Mit dem Intervall zwischen beiden ergiebt sich eine Länge der Seen von 16 ^{km}. Die Westeinfassungsabdachung des Seethales gegen das Wynenthal hat zwischen 670 bis 800 ^{m} Höhe mit Ausnahme der Beinwyler Lücke, die nur 558 ^{m} hat und nur 100 ^{m} über dem Seespiegel liegt. Diese Höhen reichen um 3 ^{km} weiter südlich als der Baldegger- und gleich weit nördlich wie der Hallwylersee, wo sie durch den Dürrenäsch-Teufenthaler Einschnitt begrenzt werden. Dieser Höhenzug ist an drei Orten schlecht bewaldet, nämlich in der Beinwyler Lücke, dann bei Schwarzenbach, im Intervall zwischen den Seen und am Südrand des Baldeggersees, dort wo die Luftmassen vom Südende des Sempachersees mit dem Südwest nach dem oberen Baldeggersee getrieben werden.

Auf der Ostseite des Seethales gegen das Freiamt erhebt sich der Lindenberg bis zu einer Maximalhöhe von 900 ^{m} bei Buttwyl gegenüber dem Südende des Hallwylersees. Dieser höchste Theil des Berges ist gut bewaldet. Er fällt treppenförmig südwärts ab. Der erste Absturz findet sich bei Mürwangen von 869 zu 815 ^{m}. Hier liegt zugleich ein Moor und ist der Rücken breit und ungenügend bewaldet. Der zweite Absturz findet sich bei der Waldlücke von Ober-Illau, wo das Terrain von 814 ^{m} zu 795 ^{m} fällt. Dann folgt die gutbewaldete Höhe des Auwer-Waldes, Guniker-Waldes und des Kriegholz, in welchem sich ein Absturz von 740 ^{m} zu 700 ^{m} zeigt. Von hier fällt der Bergrücken constant bis gegen Abtwyl, wo der letzte Absturz von 612 ^{m} zu 531 ^{m} bei Kramis sich findet und wo auf der Südwestseite gegen Luzern hin jene fruchtbare, aber sehr schlecht bewaldete Niederung von Ballwyl und Eschenbach sich ausdehnt. Ebenso schlecht bewaldet ist der Abfall von der Müswanger Stufe gegen Hizkirch zum Intervall der beiden Seen. Unbewaldet endlich sind die Höhe und der Abfall von Bettwyl gegen Schongau und Aesch am Südende des Hallwylersees. Von der Bettwyler Höhe 728 ^{m} über Meer nördlich gegen Sarmenstorf hin ist die Kuppe wieder gut bewaldet. Dann folgt aber die unbewaldete Einsattelung des Tägerli von 627 m Höhe, welche eine Breite von 500 m hat und von grosser Bedeutung ist. Noch weiter nordwärts erstreckt sich der gut bewaldete Eichhübel bis zum Schloss Hilfikon, an dessen Fuss der früher bereits erwähnte, auf 500 m Tiefe eingesenkte Thaleinschnitt gleichen Namens sich in nordöstlicher Richtung in's Bünzthal zieht und welcher nach der herrschenden Windrichtung mit dem Beinwyler Einschnitt, der Bergnase des Sternberges und dem Zugang über Tann vom Wauwyler Moos her correspondirt. Nordwärts von Sarmenstorf erhebt sich am Ende des Hallwylersees der stark bewaldete Seenger- oder Villmergerberg, auch Rietenberg genannt, zur Höhe von 683 m und zieht sich noch 6 km nördlich bis nach Ammerswyl. Es müssen also die über den Seeflächen sich bildenden und aufsteigenden Wasserdämpfe über die östlich vorliegenden Höhen streichen, wenn sie nördlich, nordöstlich, östlich oder südöstlich weggeführt werden und gewinnen dadurch diese Höhen besondere Bedeutung.

Der Förster des VI. Kreises, Herr Dössekel in Muri, schreibt in Bezug auf diesen Punkt:

„Es ist gewöhnlich der Lindenberg, an welchem hinauf und demselben entlang sich die Wolkenmassen wälzen und vom Nordost getrieben, über die Höhe derselben in's Freiamt zu gelangen suchen. Bis dahin gelang der Uebergang auf jenen Stellen, welche nicht bewaldet waren oder welche eine nicht hinreichend hohe und mächtige Schutzwand bildeten.

Bei den bis jetzt aufgetretenen Hochgewittern, die mit Hagelbildung begleitet waren, fand der Uebergang meist im nördlichen Theil des Lindenberges von Geltwyl bis Sarmenstorf statt. Der südliche Theil des Lindenberges, von Wiggwyl oder Auw an bis Abtwyl ist vollständiger bewaldet *und die im Schutz der Waldungen am östlichen Fusse des Höhenzuges liegenden Gemeinden sind bisher von Hagelschlägen verschont geblieben. Dagegen sind die Gemeinden am Südfusse des Lindenberges von den schwach bewaldeten angrenzenden Luzerner Gebietstheilen her öfter mit Hagelschlag heimgesucht worden.*

Beginnen wir in theilweiser Abweichung von der chronologischen Reihenfolge mit den Hagelschlägen, welche am nördlichen Theile des Lindenberges, am Villmergerberg und dem Rietenberg entstanden sind.

a. Das Hagelwetter vom 14. Juli 1873.

Die Wolkenmassen sammelten sich in der Hauptsache in der Gegend von Villmergen auf und an jener waldigen Höhe und sind wohl ohne Zweifel aus Dünsten des Seethales entstanden. Sie wurden dort von verschiedenen Luftströmungen eine Zeit lang hin und her getrieben und blieben dann eine geraume Zeit, einige sagen $\frac{1}{2}$ Stunde, über der Bergrüti und dem Oberhau südwestlich von Villmergen stehen. Dann setzten sie sich in südöstlicher Richtung in Bewegung, überschritten die kahle, 583 bis 600 ^{m} notirte Höhe des Sandbühl und liessen beim Ueberschreiten des Hilfiker Thaleinschnittes schon stark Hagelschlossen fallen. Der obere Hof Sandbühl, 583 ^{m} hoch gelegen, bezeichnet die südwestliche Grenze des Hagelfalles und waren die Schlossen dort noch sehr klein und wenig nachtheilig. Das Gewitter kann daher nur wenig höher gestanden haben. Dann zog sich dasselbe über das offene Feld zwischen dem Bärenholz und dem Eichhübel gegen Büttikon beidseitig am Walde, nur unbedeutenden Schaden anrichtend, das Feld aber fürchterlich verheerend und mit haselnuss- und nussgrossen Schlossen bedeckend. Am Bergkopf von Büttikon, welcher gemischten Hochwald trägt, stand das Gewitter an, theilte sich, schob aber die grösste Masse über jene kahle Höhe des Boll und Rain gegen Büelisacker, Waltenschwyl und Waldhäusern, hier bereits nussgrosse bis hühnereigrosse Schlossen entsendend. Nördlich von Waltenschwyl gegen Wohlen verspürte man wenig oder keinen Hagelschlag, stark war er aber in Waldhäusern und Büelisacker. Von Waldhäusern warf sich die Hauptmasse des Hagelwetters mit fürchterlichem Sturm, Blitz und Donner durch eine kaum 150 ^{m} breite unregelmässige Lücke im alten Tannenwald, welche circa 10 jährige Pflanzung trug, direkt gegen Staffeln, bog dort etwas mehr südlich um gegen Hermetschwyl und Unter-Lunkhofen, wo indessen der Schaden bereits viel kleiner war. Freilich ist die Waldung zwischen dem Bünz- und Reussthal, welche hier nur ganz mässige Terrainwellen bekleidet, zwischen Waltenschwyl und Besenbüren überall vom Gewitter überschritten worden, allein der Hagelschlag machte sich vorzugsweise bei jener Lücke geltend. Untersucht man nun den Entstehungsort und die Stelle der ersten Entwickelung dieses Hagelwetters etwas näher, so ergiebt sich Folgendes: Das Gewitter entwickelte sich zum Hagelwetter auf der Berghöhe zwischen Villmergen und Seengen, über der Semlen dem Ober- und Unterhau mit einer Fläche von circa 170 ^{ha}. Davon ist das Benzenloh von circa 35 ^{ha} schlecht und ungleich bestockter Privatwald. Der Unterhau mit circa 40 ^{ha} trug damals 2—12 jährigen Stockausschlag und der Oberhau mit 35 ^{ha}, welcher in einer Höhe von 600—660 ^{m} dem Gewitter offenbar am nächsten stand, war kahl oder höchstens mit 1—4 jährigem Stockausschlag und einigen Oberständern bewachsen. Ferner war der Waldort Semlen der Gemeinde Seengen 50 ^{ha} Fläche, mit 0—5 jährigem Stockausschlag bestanden. Somit waren von den 170 ^{ha} 160 ^{ha} theils ungenügend bewaldet und theils so gut wie kahl. Jedenfalls müssen der Oberhau und die Abtheilung Semlen-Ziegerland mit 90 ^{ha} als kahl bezeichnet werden. Schon früher war auf dieser Stelle eine grosse kahle Fläche, wie sie die Michaeliskarte noch enthält, die Bergrüti, und ist deren Aufforstung erst seit Anfang der 1860 er Jahre in Angriff genommen worden. Aus dieser genau festgestellten Lokalisation der Entstehung des Gewitters und den Höhenzahlen des Bodens, welche sich zwischen 540 und 660 ^{m} bewegen, sowie aus dem Umstand, dass der Hagelschaden auf 583 ^{m} höchst minim war, dürfen wir mit Sicherheit den Schluss ziehen, dass das Gewitter eine mittlere Höhe von 650 ^{m} gehabt habe. Der Umstand, dass es erst beim Ueberschreiten des kahlen Sandbühl und des darauf folgenden tiefen Thaleinschnittes von Hilfikon anfing Schlossen zu entsenden, macht hier wieder in prägnanter Weise die Regel. Offenbar hat auch hier eine leichte Luftströmung aus Südwesten von Sarmenstorf her das Gewitter an der Ausbiegung nach dieser Richtung verhindert und wohl sonst auch zur heftigen Entladung beigetragen.

Das Schloss von Hilfikon hat eine Höhenzahl von 518 ^{m}, während dem das Büttikerfeld blos 502 ^{m} Meereshöhe hat. Der Hagel hatte daher beim Schloss eine mittlere Fallhöhe von 130 ^{m} und im Thal eine solche von 150 ^{m}. Das eigentliche Bünzthal hingegen hat bei Waltenschwyl eine Sohlenhöhe von 480 ^{m} und hatte hier der Hagel 170 ^{m} Fallhöhe, daher auch nussgrosse bis hühnereigrosse Schlossen.

Frau Ammann Meyer zum Elephanten beim Schloss Hilfikon giebt nun an, dass alle gefährlichen Wetter in der Regel Nachmittags über den Sandbühl kommen, dass die beiden Sandbühl-Höfe selbst sowie die waldigen Abhänge des Eichi sehr wenig betroffen werden und dass die Gewitter immer nur über das offene

Thal gegen Büttikon streichen und oft theilweise bis Uezwyl hinauf getrieben werden und nur auf dem offenen Felde grossen Schaden anrichten.

In Hilfikon seien bei allen Gewittern noch nie grössere als haselnussgrosse Schlossen gefallen. Nie komme ein gefährliches Gewitter über den bewaldeten Rücken des Eichi und nie gehen solche über den Wald bei Büttikon, sondern immer nur durch die Lücken. So sei das erste Hagelwetter, an welches sie sich erinnere, Anno 1864 über den Sandbühl gekommen und nach Büttikon gezogen und so sei das letzte von 1879, welches Ende Mai Nachmittags $2^{1}/_{2}$—3 Uhr eintraf, verlaufen. Nur sei dieses viel schwächer gewesen und habe nur unbedeutend geschadet. Natürlich! denn die jungen Schläge auf dem Villmergerberg waren schon mehr herangewachsen.

Am gleichen Tage des 14. Juli 1873 und zu gleicher Stunde vereinigten sich zwei gewaltige Wetter gegen Sarmenstorf. Das eine kam von Seengen her und strich über die kahle Lücke von 500 m Breite zwischen dem Althau und dem Seenger Gemeindewald Ziegerland und liess dann in und um Sarmenstorf bereits etwas Hagel fallen. Das andere Gewitter kam über den See aus der Beinwyler Lücke über Tennwyl gegen Sarmenstorf. Es ist dies dasjenige Gewitter, von welchem die Gemeindeförster von Menziken und Reinach erzählen, dass es über den nördlichen Theil des Sternberges gekommen sei, aber dorten keinen Hagel habe fallen lassen.

Nach Mittheilungen aus Sarmenstorf, welches doch so nahe bei Hilfikon liegt, kommen die Gewitter in der Regel von Westen her und zwar entweder durch die Beinwyler Lücke oder durch die Berglücke oberhalb Birrwyl von Zezwyl her. Seltener kommen sie von Seengen her. Immer aber überschreiten sie hier an dieser Bergeinsattelung die Wasserscheide zwischen dem See- und Bünzthal. Im Jahre 1865 und vorher z. B. war der Niederwald Eichi abgeholzt und nur einige Oberständer stehen gelassen worden. In diesem Jahre nun habe ein vom See hergetriebener Wolkenzug die Anhöhe Eichi nördlich vom Buchwald, die niedriger ist als das Tägerli überstrichen und auf dem Felde zwischen Hilfikon und Büttikon Schlossen ausgeschüttet.

Etwa um 5 Uhr des 14. Juli 1873 vereinigten sich also diese beiden bereits genannten Gewitter über der kahlen Fläche von

5*

Sarmenstorf und Umgebung und unter dem Einfluss des Westwindes zogen sie in breiter Front über den Berg in östlicher Richtung, vorzugsweise aber durch jene unbewaldete Lücke, Tägerli
genannt, zwischen dem Buchwald Eichi und dem Tannwald Zigi,
welche die Höhenquote 627 ᵐ hat. Wir verweisen auf die Karte
Beilage II und behalten uns vor, auf die Geschichte dieser Lücke
zurückzukommen.

Nachdem nun das Gewitter diese Lücke überschritten hatte,
begann ostwärts derselben auf dem Zigifeld und besonders gegen
Uezwyl hin seine fürchterliche Entladung mit haselnussgrossen, ungemein dichten Schlossen und mit einem Sturm, der seit Menschengedenken nicht erlebt wurde. Von Uezwyl warf es sich mit un-
gemeiner Vehemenz auf Kallern, immer noch an Heftigkeit zu-
nehmend. An der Strasse von Uezwyl nach Kallern war nördlich
auf der Höhe der ehemalige Wald gerodet und war dort eine
Pflanzschule angelegt. Die Lücke betrug 150 ᵐ. Weiter nordwärts
war bis zum Grabenwald der Mittelwald Anno 1871/72 abgetrieben
worden und standen damals nur eine Anzahl Oberständer. Dadurch erweiterte sich die Lücke auf 450—500 ᵐ Breite. Diesem
Umstand fällt wesentlich zur Last, dass Kallern und die Höfe
Unter- und Ober-Höll so elend zugerichtet wurden.

Von Uezwyl warf sich ein bedeutender Theil des Gewitters
unter furchtbarem Toben des Sturmes südwärts durch die Lücke
zwischen dem Teufewald und Oberholz und theilweise über den
Wald gegen den unteren Niesenberg und über jene kahle Höhe
Rietmiss gegen Boswyl. Aber auch der Laubwald von Uezwyl
gegen Hinterbühl, der nicht alt ist, wurde überschritten und letzterer
Ort furchtbar zugerichtet.

Im Bünzthal nahm das Gewitter wieder eine südöstliche Richtung von Kallern gegen Bünzen und Besenbüren und von Rietmiss
gegen Boswyl und bis Muri-Wihli. Von Boswyl gegen Wihli nahm
der Hagel stark an Intensität ab und wütheten nur der Sturm
und der Regen noch fort. Schon das Wihli- und Hasliholz wurden vorzugsweise stark auf der Nordseite betroffen und zeigten
auf der Südostseite keinen Schaden mehr. Vom Fohrenmoos setzte
sich der Hagelschlag über Rottenschwyl, Werd und Althäusern
an die Reuss und dort noch über Unter- und Ober-Lunkhofen und
Jonen bis gegen Arni fort, welch letztere Ortschaft jedoch nicht
mehr erreicht wurde.

Im Bünzthal sollen nussgrosse bis hühnereigrosse Schlossen gefallen sein und war lange nachher der Boden noch ganz damit bedeckt.

Zur näheren Erläuterung der Grösse des verursachten Schadens lassen wir hier das Gesuch der betroffenen Gemeinden des Bezirks Muri an den hohen Regierungsrath um Unterstützung folgen. Es lautet:

„Hochgeachteter Herr Landammann!
Hochgeachtete Herren!

Die unterzeichneten Gemeinderäthe sehen sich genöthigt, namens ihrer Gemeinden bei hochdenselben nachstehende Bitte vorzutragen:

Unterm 14. Juli dieses Jahres Abends $5\frac{1}{2}$ Uhr hat nämlich ein furchtbares Gewitter mit Hagel und orkanähnlichem Sturm eine ziemliche Strecke unseres Bezirks auf wahrhaft schreckliche Weise verwüstet. Dieses Gewitter zog von Nordwesten nach Südosten und erstreckte sich in der Breite von Wohlen bis Muri. Dasselbe war so heftig, wie sich Niemand eines solchen entsinnen kann und es kann auch in seiner ganzen Schrecklichkeit gar nicht geschildert werden. Ziegel- und Strohdächer wurden arg beschädigt, Kamine heruntergeschleudert, Fenster eingeschlagen und einzelne Gebäude halb zertrümmert. Das schöne, bereits zur Reife gediehene Getreide wurde in einzelnen Gemeinden vollständig, in anderen zum grössten Theil zerschlagen, so dass aus ganzen Feldern kein Sester Frucht mehr erhältlich ist. Sogar das Stroh wurde grösstentheils zerhackt. Das üppig dastehende Emdgras, sowie Klee, Luzerne etc. sind vernichtet. Auf den schönsten Kartoffelfeldern sieht man nur noch Spuren davon und überhaupt sind sämmtliche Sommerfrüchte vollständig vernichtet. Viele Hunderte der schönsten Obstbäume liegen entwurzelt oder zerknickt am Boden. Von den stehen gebliebenen sind Blätter und Zweige abgeschlagen und stehen kahl, wie im Winter. An einzelnen Orten, wie z. B. in Kallern, ist sogar die Rinde an den Bäumen zerschlagen und hängt in Fetzen herunter, so dass noch viele von den stehen gebliebenen Bäumen zu Grunde gehen werden. Bei dem hier vorhandenen Obstwachs ist dieser Schaden an Obstbäumen ein sehr bedeutender und erstreckt sich nicht nur auf das gegenwärtige, sondern noch auf mehrere Jahre hinaus. Innerhalb kurzer Zeit wurde die schöne Gegend das

Bild einer gräulichen Verwüstung. Einen Begriff von der Heftigkeit des Gewitters liefert die merkwürdige Thatsache, dass in der Gemeinde Kallern acht Tage nach dem Gewitter und ungeachtet der grossen Wärme noch Hagelkörner vorhanden waren.

Der durch das fragliche Gewitter verursachte Schaden wurde auf Anordnung des titl. Bezirksamtes Muri von den Gemeinderäthen geschätzt und der mässig angesetzte Schaden beträgt in den einzelnen Gemeinden folgende Summen:

	Schaden an					
	Gebäuden	Getreide	Gras	Sommerfrucht	Verschiedenem	Total
	Frcs.	Frcs.	Frcs.	Frcs.	Frcs.	Frcs.
Kallern . . .	2539	35900	12490	20075	70789	141793
Boswyl . . .	5960	208550	45380	52820	56655	370265
Bünzen . . .	5045	49560	13100	31000	24655	123360
Besenbüren .	1810	24900	9460	10270	15000	61440
Waldhäusern	—	—	—	—	—	85416
Waltenschwyl	1000	83160	7920	13720	18000	123800
Bettwyl . . .	—	—	—	—	—	40635
Rottenschwyl	—	—	—	—	—	35585
Werd	410	9575	3025	4600	2710	20320
Aristau . . .	—	—	—	—	—	150000
Muri	—	—	—	—	—	114488
Buttwyl . . .	—	8150	—	3500	2000	13650
	16764	419795	91375	135985	189809	1,190,752

Dieses ist eine wahrhaft enorme Summe und mancher Familienvater, der seine Familie ernähren und den Zins entrichten soll, sieht sich, von allen Hülfsmitteln entblösst, in seiner Existenz bedroht und blickt rathlos, mit bangem Herzen in die Zukunft. Angesichts dieser Verheerungen und dieses unverschuldeten Unglücks stellen wir es Ihrem Ermessen anheim, dasjenige vorzukehren, was Ihrer weisen Fürsorge angemessen erscheint. Dagegen glauben wir, es würden sich viele theilnehmende Herzen finden, das Unglück wenigstens theilweise zu lindern und würde vielleicht der Bereitwilligkeit am besten entgegengekommen, wenn die titl. Behörden eine Sammlung organisiren und im Kantonsgebiet von Haus zu Haus eine Liebessteuer aufnehmen würden, so dass bequeme Gelegenheit zur Bethätigung der Theilnahme für Jedermann geboten wäre. Die Ausdehnung und Grösse des angerichteten Schadens wird die Anordnung vollständig rechtfertigen.

Die Unterzeichneten erlauben sich hiermit das
Ansuchen:

Hochdieselben wollen Verfügungen treffen, dass in allen Gemeinden des Kantons eine freiwillige Liebessteuer in angedeuteter Weise für die Hagelbeschädigten gesammelt werde.

In der Hoffnung, dass unserer Bitte entsprochen werde, zeichnen etc.

Muri den 21. Juli 1873."
Unterschriften.

Vom Bezirk Bremgarten sind 16 Gemeinden, jedoch viel weniger stark betroffen worden. Immerhin beträgt der Schaden dort noch die Summe von Frcs. 410,000 und steigt der Gesammtschaden auf rund Frcs. 1,600,000, verursacht in der kurzen Spanne Zeit von $\frac{1}{2}$ Stunde von $5\frac{1}{2}$ bis 6 Uhr Abends.

Der hohe Regierungsrath erliess unterm 13. August eine warme Proklamation an das aargauische Volk und forderte zu Liebesgaben auf für die betroffenen Bezirke Muri und Bremgarten, wie für das Frickthal, wo auch Hagelschlag vorkam. Das Resultat der Sammlung ergab rund Frcs. 33,000, welche, freilich wenig genug, zur Vertheilung gelangen konnten.

Bei diesem Hagelwetter fällt uns auf seine Heftigkeit in der Richtung über Kallern, Boswyl und seine geringere Heftigkeit in der Richtung Hilfikon-Waltenschwyl. Ferner fällt auf die verhältnissmässig geringere Heftigkeit in Besenbüren, welches in der Richtung des Gewitters durch die Höhe des Bünzerwaldes gedeckt und wo der Hagel sehr stark mit Wasser untermischt war. Im Bünzthal waren die Schlossen nussgross und an der Reuss noch grösser.

Der Herr Kreisförster berichtet, dass die Nadelholzculturen der Gemeindewaldungen von Büttikon und Uezwyl im Hinterhau und Oberholz im Alter von 4—10 Jahren dermaassen beschädigt waren, dass eine Menge Gipfel bis zum zweiten Astquirl hinab dürr wurden. Das Laubholz habe die Merkmale des Hagelschlages bis zur Reuss hinunter gezeigt. Es ist also der Hagelschlag in der Tiefe des Bünzthales gegen die Reuss, theilweise wenigstens, über die dortigen Laubholzniederwälder hinweg gegangen. Hieraus und aus der Schlossengrösse schliessen wir, dass der Hagel im Bünzthal 150—200 ᵐ über dem Boden entstanden sei. Es ergiebt sich diese Höhe auch daraus, dass das Tägerli mit 627 ᵐ Höhe dem Gewitter als Passage gedient hat und rechnen wir nun noch circa 30 ᵐ Gewitterhöhe hinzu, so bekommen wir 660 ᵐ Meereshöhe. Davon die Höhe des Bünzthales mit 440 ᵐ ab ergiebt 220 ᵐ Fallhöhe. Da sich das Gewitter gesenkt hat, so wird wohl eine mittlere Höhe von 150—200 ᵐ beim Eintritt in's Bünzthal angenommen werden dürfen. Da das Reussthal noch 60 ᵐ tiefer liegt als das Bünzthal, so ergiebt sich hier eine Fallhöhe des Hagels von 200—250 ᵐ rund. Die Thalsohle der Bünz hat 440 ᵐ und der höchste Punkt des Rückens gegen das Reussthal hat 486 ᵐ. Es ist daher leicht einzusehen, dass der Hagel diesen Höhenzug überschreiten konnte, da er doch mindestens 600 ᵐ über Meer entstand. Wenn man nun bedenkt, dass dieses Gewitter einerseits von dem 1874 ᵐ hohen Sternberg bei Menziken und andererseits vom Villmergerberg herkam, dessen höchster Punkt 682 ᵐ hat und wenn wenn man auch annimmt, dass das Gewitter über niedrigeren Stellen jener Berge sich gesammelt habe, so ergiebt sich immer noch ein beträchtliches Fallen der Gewitterwolken auf ihrem unheilvollen Weg. Da der Wihli- und Hasliwald bei Muri, deren Kronenspitzen nicht über 500 ᵐ über Meer stehen, den Hagelschlag vom hinterwärts liegenden Land abgehalten haben, so dürfen wir dem Gewitter hier nicht mehr als 530 ᵐ Höhe zuschreiben und hat es sich daher vom Tägerli bis hierher um circa 130 ᵐ gesenkt.

Noch mehr muss sich das Gewitter von Reinach her durch die Beinwyler Lücke und über den See gesenkt haben, sonst hätte es nicht den Weg durch die Sarmenstorfer Lücke beim Tägerli, 627 ᵐ über Meer, machen müssen und beträgt die Senkung hier wohl 250 ᵐ. Die Gesammtsenkung vom Sternberg nach Muri muss daher auf wohl 380 ᵐ berechnet werden.

In der Lücke des Tägerli war bis zum Jahre 1853 eine 10½ Jucharten grosse Laubwaldung, für welche die Gemeinde Sarmenstorf damals um Rodungs- und Urbarisirungsbewilligung eingekommen war, da sie ringsum, an Culturland grenzend, zu viel vertraufe. Die Sage geht aber in Sarmenstorf allgemein dahin, es sei dieses Waldstück zu roden begehrt worden, *um den Hoch-*

gewittern, die sich gewöhnlich über dem Dorf drohend gesammelt haben, den Ausgang oder Durchpass in östlicher und südöstlicher Richtung über diese Höhe zu erleichtern. Welch eine freundnachbarliche Rücksicht!

Von diesem Grunde steht freilich in den Acten über die Urbarisirung nichts und wurde denn auch die Urbarisirung dieses Waldes unterm 21. Mai 1853 regierungsräthlich bewilligt und die Oeffnung einer, damals höheren Orts noch unbekannten, gefährlichen Wetterlücke zugelassen. Wäre hier keine Lücke in der Bewaldung gewesen, so würde das Gewitter vom 14. Juli zwar ohne Zweifel dennoch hinüber gezogen sein, allein es würde höchst wahrscheinlich kein Hagelschlag, sondern ein heftiger Gewitterregen erfolgt sein. Eine gute Bewaldung dieser Höhen ist um so nothwendiger, als die Wolkenmassen mit den herrschenden Winden über den See in sehr stark gesättigtem und geladenem Zustand ankommen und daher sehr gefährlich sind.

Eine eigenthümliche Erscheinung ist noch der sich bergaufwärts bewegende Gewitterzug nach Bettwyl, welcher über die kahle Höhe von 728 m hinweg bis an die benachbarten Wälder Hagel gestreut hat. Das Steigen wie das Fallen der Hagelwetter ist eine bereits mehrfach erwähnte Thatsache, nur ist der Schaden bei den ansteigenden nie so intensiv wie bei den Fallenden, da sich die Fallräume des Hagels dort etwas verkürzen, hier verlängern. Der Bettwyler Schaden gehört denn auch zu den geringeren und wurde auch Buttwyl nur unbedeutend berührt.

Im oberen und mittleren Freiamt seien früher — so erzählen ältere Leute — nur die vom Canton Zürich herüberziehenden Gewitter zu befürchten und Verderben bringend gewesen. Warum dies nicht mehr der Fall, sei bis dahin noch unentschieden geblieben. In Büttikon behaupten alte Leute, dass seit der Urbarisirung des Tägerliwaldes von dort her öfter Hagelwetter kommen und in dortiger Gemeinde Schaden anrichten, während dem sie früher nur von Norden her bedroht gewesen seien.

---

b. Das Hochgewitter vom 24. Juni 1874

rückte aus der Gegend von Münster (offenbar wieder von Sursee her) über den Hallwylersee, anfänglich in nordöstlicher Richtung wurde dann aber oberhalb Niederschongau und jenem weiten

kahlen Westabhang schwebend, in östlicher Richtung gegen Ober-
schongau getrieben und liess auf seinem Wege bereits Schlossen
fallen. Hier wurde der grösstentheils niedrig bewaldete Rücken
zwischen Dorf und Bad überschritten. Beim Bad zeigten die Feld-
früchte nur Spuren des Hagelschlages. Etwas unterhalb dem Bad
scheint der vom Bünz- und Reussthal herzutretende Nordostwind
eingewirkt zu haben, denn von da lenkte das Gewitter in südöstlicher Richtung ab über den nördlichen Theil von Buttwyl, (berührte
Langenmatt und Sennhof) über Muri-Wey und den östlichen Theil
von Muri-Langdorf. Das Gewitter streifte auch den nördlichen
Theil des Maiholz und schädigte die Ortschaft Unter-Rüti etwas.
Am heftigsten war die Wirkung von der Pfarrkirche Muri in südöstlicher Richtung bis zur Gerechtigkeitswaldung Sengeln der Ortschaft Muri-Langdorf. Es hat sich also das Hagelwetter an der
nördlichen Nase des Maiholzes getheilt und ist längs seinen zwei
Seiten verlaufen und dürfte es, sagt der Herr Kreisförster Dössekel,
die Gemeinde Meerenschwand, welche östlich davon liegt, dem
Schutze des Maiholz zu verdanken haben, dass sie bisher so zu
sagen verschont geblieben ist.

Auch dieses Gewitter hat sich von der Höhe von 760 ^{m} bei
Schongau auf seiner geringen Längenentwickelung von nur 5000 ^{m}
um circa 300 ^{m} gesenkt, indem es bei 460 ^{m} Bodenerhebung am
Maiholz aufhörte. Beziehungsweise es ist vom Lindenberg förmlich *heruntergeflossen.*

Eine weitere Untersuchung der Wetterverhältnisse auf der
Westseite des Lindenberges in Schongau hat ergeben, dass gefährliche Gewitter von Seengen und Sarmenstorf her kommen, wenn
sie dorten nicht durch den Sarmenstorfer Einschnitt in's Bünzthal
hinüber gelangen können. Weniger gefährlich sind diejenigen,
welche aus der Beinwyler Lücke kommen, da sie meistens zu tief
stehen und gegen Sarmenstorf abwärts oder gegen Hizkirch, Hohen-
rain und Dietwyl aufwärts getrieben werden. Nur ganz hoch-
stehende Gewitter kommen bis Schongau. Seltener kommen Gewitter direkt von Münster und Schwarzenbach her so weit am
Westhang hinauf, wie dasjenige vom 24. Juni 1874. Sie stehen
dann in der Regel so tief, dass sie nur südlich von Ober-Schongau
bei der Waldecke von Kalktarre den Berg überschreiten können.
Hier geht nämlich das offene Land bis ganz auf den Kamm des
Berges und nur der Ostabhang ist leicht und auf eine Breite von

blos 370 ᵐ bewaldet, da auch vom Schongauer Bad her Waldlücken bis fast an den Kamm kommen. An dieser Stelle ist
überdies stark parzellirter Laubholzniederwald, von welchem gerade
Anno 1874 ein ziemlicher Theil entweder frisch geschlagen oder
doch ganz jung war. Diesen Verhältnissen ist es auch zuzuschreiben, dass das Gewitter hier die Barrière überfliessen konnte.

Auf der Höhe von Schongau, 751 ᵐ über Meer, fielen übrigens
nicht Schlossen, sondern blos Graupelkörner und spricht man hier
überhaupt nur von Riesel und nicht von Hagel, der hier und da
einmal falle, ohne Schaden zu thun.

o. Das Hochgewitter in der Nacht vom 7. zum 8. Juli 1875.

Dieses Gewitter habe sich über Egliswyl gesammelt, wo es
starke Regengüsse und arge Schwemmungen, nicht aber Hagelschlag zur Folge gehabt habe. Von hier habe es in östlicher
Richtung die Höhe zwischen Egliswyl und Dintiken, die sogenannte
Hochwacht überschritten und habe das Dorf Dintiken überzogen,
ohne nachtheilig zu werden. Spuren von Hagelschlag zeigten sich
erst in der Mitte der Thalsohle gegen Anglikon hin. Nach Mittheilungen des Herrn Kreisförsters Baldinger hat sich nämlich mit
diesem Gewitter von Dintiken her ein zweites Gewitter im Thal
von Anglikon vereinigt, welches am Kestenberg bei Brunegg entstanden ist. Er sagt: „Es war am 7. Juli 1875, an einem glühend
heissen Tage, als sich gegen Mitternacht bei ziemlicher Windstille
um den Kestenberg bei Brunegg schwarze Gewitterwolken sammelten und mit Wetterleuchten sich langsam das Bünzthal hinauf
bis Villmergen und Wohlen zogen und dort bereits Hagel fallen
liessen.“
Von Anglikon nahm der Hagelschlag beständig zu gegen
Wohlen und Buesliacker. Auch zweigte sich hier ein Zug ab
gegen Villmergen, Hilfikon und Büttikon, wo indessen nur vereinzelte Schlossen gefallen seien. Südlich von Villmergen, auf
dem Lugetenfeld und bis an die nördliche Grenze vom Staatswald
Bärenholz ist ungefähr ¼ der Getreideernte vernichtet. Auch
im Staatswalde selbst haben die Waldfeldpächter in gleichem
Grade Schaden gelitten, während dem die Beschädigungen am
Holzbestand kaum sichtbar sind. Auf dem Felde beim Bahnhof
Wohlen und abwärts gegen Anglikon ist wohl die Hälfte der Ge-

treideernte vernichtet. Der Obstertrag, der sonst reichlich ausgefallen wäre, ist bedeutend reducirt und haben selbstverständlich auch die Bäume gelitten. Besonders stark aber sind in Anglikon und Wohlen die Rebstöcke beschädigt worden. Zwischen diesen beiden Ortschaften ist sodann das Hagelwetter über die Wasserscheide gezogen, zwischen dem Bünz- und Reussthal und zwar an jener schlecht bewaldeten kleinen Einsattelung beim Mooshau und der Menschrüti von kaum 480 ^{m} Meereshöhe. Es muss hier noch bemerkt werden, dass der Bulochhau überhalb Auglikon im Jahre 1875 abgetrieben und nur zum Theil wieder bepflanzt war. Der äussere Berghau, welcher in zwei Zöpfen vorspringt, trug damals 8—10jährigen Laubholzniederwald hinten und 15 bis 20jährigen vorne. Auch der Mooshau trug theilweise eine geringe 10—15jährige Fohren- und Birkencultur und 20—25jährigen Niederwald. Ueberdies waren Waldlücken bei der Menschrüti und dem Moos.

Ein Theil des Gewitters warf sich nun über den Mooshau auf Niederwyl, Göslikon und Fischbach und der andere kleinere Theil wurde in nördlicher Richtung durch die Lücke des Emmetkreuz gegeu Hägglingen geworfen. Spuren auf dem Emmetfeld zeigten deutlich die südliche Richtung des Hagelschlages.

Oberhalb Rütihof hat sich über jener kahlen Fläche ein zweites Lokalhagelwetter in östlicher Richtung über den Zighau, Niederwyl, Göslikon und Fischbach gebildet und ist namentlich unterhalb Niederwyl der Schaden bedeutend. Es scheint, dass dieser Gewitterzug demjenigen weiter südlich etwas vorausgeeilt ist, denn er sei um 12 Uhr Nachts von Nordwesten her in Niederwyl eingetroffen, während dem derjenige von Südwesten her 10 Minuten später gekommen sei. Der erste Hagelschlag sei dichter gewesen und habe Schlossen bis zur Grösse kleiner Hühnereier gebracht. Nehmen wir eine kleinere Schlossengrösse wie Baumnüsse an, so wird dies richtig sein. Von Niederwyl und Göslikon hat sich nun der eine Theil des Hagelwetters über das offene Feld von Sulz über die Reblage gegen Künten und das offene Gelände auf Bellikon und Hausen geworfen, wo er am stark bewaldeten Hasenberg seine Endschaft erreichte. Der andere Theil hat sich über Eggenwyl und das offene Gelände nach Wyden, Rudolfstetten und theilweise Unter-Berikon gezogen und hat dann wieder in nordöstlicher Richtung über Bergdietikon umgebogen, um im Limmatthal bei Dietikon und anderwärts recht empfindlich zu schaden. Man wird der Karte entnehmen, dass der Hagelstrich nur über offenes oder ganz schlecht bewaldetes, tief liegendes Gelände ging und von den verschiedenen Ortschaften Bergdietikons sind diejenigen am stärksten betroffen worden, welche eine ganz freie Lage haben, wie Kindhausen, Baltenschwyl und Gwinden. Bemerkenswerth ist auch noch, dass ein namhafter Hagelstrich über das offene Land von Eggenwyl her gegen die Weiler Hasenberg und Langenmoos zog, während dem der Hagelschlag gegen Unter-Berikon ganz aufhörte. Aus der Zeitangabe über den Eintritt des Hagelschlages an verschiedenen Orten ist zu entnehmen, dass das Hagelwetter wenig vor 12 Uhr Nachts begann und um $\frac{1}{2}$ 1 Uhr zu Ende war. Es war aber die Luft sehr stark mit Electricität geschwängert, denn es folgten sich Blitzschlag auf Blitzschlag, besonders in Wohlen und dann wieder in Eggenwyl, je an den tiefsten Stellen.

Etwa um 1 Uhr sei das Unwetter von Niederwyl her über Anglikon und Wohlen und bis gegen Villmergen zurückgekehrt, es habe indessen viel mehr geregnet als gehagelt, so berichten die Leute.

Die Schlossengrösse konnte nicht mit Sicherheit erhoben werden, da die Dunkelheit der Nacht eine genügende Beobachtung nicht zuliess und am Morgen die meisten Schlossen bereits verschmolzen waren.

Der amtlichen Abschätzung des Schadens ist zu entnehmen dass folgender Schaden constatirt wurde:

Villmergen	Frcs.	8125
Wohlen	-	66000
Anglikon	-	20857
Niederwyl	-	45000
Göslikon	-	17438
Fischbach	-	30740
Eggenwyl	-	55260
Bellikon-Hausen	-	41100
Rudolfstetten	-	19205
Bergdietikon	-	62840
Künten und Sulz	-	34000
Summa Frcs.		400,565

ohne den Schaden von Wyden.

Eine nächträgliche nähere Untersuchung derjenigen Stellen des Berges zwischen Egliswyl und Dintiken, welche das Gewitter überschritten hat, erzeigt folgende Verhältnisse.

Während dem zwischen Villmergen und Seengen die Waldzone auf der Höhe 2000 ^{m} breit ist, beträgt die Breite der Bergwaldung zwischen Egliswyl und Dintiken nur 750 ^{m}. Von Egliswyl zieht sich in nordöstlicher Richtung gegen Dintiken eine Mulde von 1 ^{km} Länge und $^3/_4$ ^{km} Breite, welche kahl und mit Ackerfeld belegt ist. Ueberdies findet sich als östliche Fortsetzung dieser kahlen Mulde eine 150 ^{m} breite und 500 ^{m} lange Feldfläche der östlich anstossenden Waldung, welche der Stöckhof heisst und ein Bauernhaus trägt. Andererseits ist von Dintiken westwärts und am Berghang hin auf der Wald weit zurückgedrängt und in offenes Land verwandelt. Auf dem noch übrig gebliebenen Waldstreifen von $^3/_4$ ^{km} waren das Kohlholz und der Stöckboden, ersteres mit 1—9jähriger Fichtencultur bestellt und letzterer gerade abgetrieben und kahl. Der Wiedenhau war 2—11jähriger und nur auf einem Theil 30jähriger Niederwald. Auch in den Gemeindewaldungen von Egliswyl und Ammerswyl fanden sich Schlagflächen und junge Culturen, gemischt mit älteren Beständen. Es liegt daher auch hier die Möglichkeit eines Durchbruches des Wetters auf schlecht bewaldeten Höhen vor, obwohl dieser um Mitternacht selbstverständlich nicht direkt beobachtet werden konnten. — Aber auch am Kestenberg, wo die eine Hälfte des Gewitters entstanden ist, sind die Verhältnisse höchst interessant. Auf der östlichen Spitze des Berges liegt das Schlossgut Brunegg. Auf der Höhe westlich vom Schloss und am Südabhang liegen circa 12—15 ^{ha} offenes Land und etwas Reben. Davon liegen ungefähr 5 ^{ha} 680 ^{m} hoch auf dem schmalen Bergplateau. Südlich von diesem Plateau liegt der Forstort „Ausser Einschlag" der Gemeinde Möriken mit 32 ^{ha} Fläche. Davon waren damals von Osten her bereits 11 ^{ha} oder $^1/_3$ in den Jahren 1873, 1874 und 1875 kahl abgetrieben worden. Am Nordhang des Kestenberges war der Fuchshübel der Gemeinde Birr ebenfalls seit 2 Jahren kahl abgetrieben und die Brunegger Gemeindewaldung nördlich am Schlossgut oben trug, noch nicht 10jährigen Jungwuchs. — Es ist daher dieses gefährliche Gewitter über 40—50 ^{ha} meist kahler und zum Theil frisch abgeholzter Fläche des Brunegger Berges (Kestenberges) entstanden.

d. Der neueste Hagelschlag vom Pfingstsonntag den 16. Mai 1880 im Reussthal.

Nach vorausgegangenen warmen bis heissen Tagen gestaltete sich der Nachmittag des 16. Mai zu einem sehr gewitterreichen Tag. Nördlich im Tafeljura, auf dem Kettenjura und im Aarethal bei Olten und Aarburg waren schon Nachmittags 3 Uhr Gewitter entstanden. Aber auch im südlichen Kantonstheil und im Limmatthal waren Gewitter zu bemerken.

In Aarau hatte man zuerst Ostwind, während dem schon auf der Frohburg und weiter westlich unter dem Einfluss des Westwindes ein gewaltiges Gewitter entstanden war. — Etwa um 4 Uhr wurde der Westwind Meister und führte das Gewitter am Nordabhang des Kettenjura ostwärts, so dass im Aarethal nur die schwarzen Wolkenmassen beobachtet werden konnten.

Beiläufig sei bemerkt, dass ein Hagelschlag über die kahle Höhe von Schupfart in Gipf und Ober-Frick mit ungeheurem Wasserguss niederging, der indessen unbedeutend schadete.

Um 5 Uhr hatte man in Baden und dem ganzen Limmatthal ein heftiges Gewitter, das unter dem Einfluss des Ostwindes herankam und in Aarau noch einige Tropfen Regen fallen liess.

Der Hagelschlag im Reussthal ist ein kleiner Theil dieses Gewitters. Während dem dasselbe den ganzen Bezirk Baden und einen grossen Theil vom Bezirk Bremgarten und Brugg mit heftigem Regen überschüttete, wurden nur die Ortschaften Künten, Sulz, Eggenwyl und Bremgarten ganz, und die Ortschaften Bellikon, Fischbach, Göslikon, Zufiken, Wyden und Lunkhofen zum Theil mit Hegel überschüttet.

Wir verfügten uns am 18. an Ort und Stelle, um den Verlauf des Hagelschlages, der uns von der Regel abzuweichen schien, nachzuforschen. Auf dem Felde beim Bahnhof Bremgarten war der Hagelschlag sehr stark. Gras- und Roggenerndte waren zur Hälfte vernichtet und die Bäume sowie die Rebgelände hatten bedeutenden Schaden gelitten. Unter dem Buffet-Tische zog man noch einen Kessel voll der gefallenen Schlossen hervor. Sie hatten Haselnuss- bis Nussgrösse und oft einen weissen Kern, manche aber waren ganz durchsichtig und hatten eine ebene Fläche, offenbar vom Aufschlag. In Künten und Sulz war der Schaden noch

grösser und waren die Schlossen meist nussgross, ebenso in Eggenwyl, wo fast Alles zu Grunde gerichtet wurde.

In Wyden und Bellikon wurden nur die unteren Theile des Ab-
hanges stark getroffen und auf Berikon hatte man nur etwas Graupeln.
Auch auf dem linken Reussufer nahm der Hagelschlag am Hang
hinauf rasch ab und reichte derselbe nicht bis zur Wasserscheide.

Zufikon, Unterlunkhofen und Remetschwyl sind nur ganz unbedeutend vom Hagel getroffen worden, während dem es dort stark regnete.

Oberlunkhofen hat stärker gelitten unter dem Einfluss einer
Luftströmung von Arni her. Auch scheint von hier ab südwärts
noch Graupelfall stattgefunden. zu haben.

Mehrere Augenzeugen, die im Freien waren und das Wetter
beobachteten, erklären übereinstimmend, es sei dasselbe in der
Gegend vom Sennhof mit dem Nordostwind über den Heitersberg
gekommen und habe dann im Reussthal der Südwind und theilweise der Westwind, welcher ebenfalls Gewitter brachte, darein
geblasen, so dass ein Wirbel, ein Kampf und ein Toben mit fast
ununterbrochenem Blitzen und Donnern entstanden sei, das mit
Hagelschlag vom Nordwind geendigt habe. Ein Blick auf die Karte
zeigt, dass auf der Uebergangsstelle des Gewitters auf dem Heitersberg die Bewaldung fehlt auf einer Breite von 300 m. Aber auch
im anstossenden Remetschwyler und Hauser Wald sind in den
letzten zwei Jahren Schläge geführt worden. Insbesondere ist der
alte Rothtannenbestand der Ortschaft Remetschwyl theilweise ein
Opfer des Sturmes vom Jahre 1879 geworden. Besonders nachtheilig aber hat der Umstand gewirkt, dass der alte Laubholz-
bestand Hinterhau bei der Ortschaft Heitersberg im Winter 1879/80
ganz kahl abgetrieben worden ist. Hier und bei der Sennhoflücke
sei das Wetter aus dem Limmatthal herübergekommen und habe
es circa 1200 m Breite gehabt. Dasselbe war von Graupeln und
Regen begleitet und erst oberhalb Künten schwollen die, einen
längeren Fallraum durcheilenden Graupelkörner unter dem Ein-
flusse des Südwindes zu grösseren Schlossen an, die dann vom
Nordwind heftig südwärts getrieben wurden.

Die Grösse der Schlossen lässt nach bisherigen Erfahrungen
auf eine Fallhöhe von mehr als 200 m schliessen. Es hat nun
der Sennhof die Höhenquote von 684 m und das Signal bei Künten
hat die Quote 445 m. Die Differenz von 239 m bestätigt also die
aus der Schlossengrösse approximativ geschätzte Höhe. Gegen

Bremgarten hat sich das Gewitter beträchtlich gesenkt und sind daher die Schlossen kleiner geworden.

In der Höhe bei Hausen und Bellikon waren die Schlossen kaum etwas mehr als erbsengross. Sie fielen aber sehr dicht.

Aufgefallen ist mehreren Beobachtern, wie das Wetter die bewaldete Kante des Hasenbergrückens westlich umgangen hat. Auch an den Waldungen auf dem linken Ufer hat das Hagelwetter seine Endschaft erreicht. Der eigentliche Hagelstrich hat nicht mehr als höchstens $2^1/_2$ ^{km} Breite und beträgt ungefähr das zweifache der Waldlücke auf dem Heitersberg. Der Hagelfall hat 15—20 Minuten gedauert und war schon vor 6 Uhr alles vorbei.

Wir finden auch hier glänzend die Regel bestätigt und müssen bekennen, dass, wenn jene Lücke in der Bewaldung beim Sennhof nicht gewesen und die Kahlschläge unterblieben wären, dem Reussthal der Schaden dieses Hagelschlages, den wir nicht einmal annähernd abschätzen können, erspart worden wäre.

Aber auch die Bewohner des Limmatthales östlich des Heitersberges fürchten keine Gewitter so sehr, wie diejenigen, welche durch jene Lücke beim Sennhof mit dem Südwestwind kommen, denn in der Regel sei Hagelschlag im Limmatthal zu befürchten. Doppelte Gründe, um diese Lücke zu schliessen.

---

5. Die Hagelwetter aus der Gegend des Baldeggersees.

a. Drei Hagelschläge durch die Schlattwaldlücke.

Verfolgt man auf der Karte von der Gegend des Sempacher Sees aus die herrschende Windrichtung aus Südwest in der Richtung nach Nordost, so kommt man über das wenig bewaldete Hochplateau von Münster und Neudorf auf das tief eingesenkte Bassin des Baldeggersees. Verfolgt man die nordöstliche Richtung weiter, so stösst man auf den unbewaldeten Westhang des Lindenberges bei Sulz und Hitzkirch und kommt endlich auf die kahle Hochfläche des Müswanger Mooses, an welches sich jenseits schmale Tannwaldstreifen anschliessen.

Diese hier angrenzenden sowie die weiter südlich gelegenen Waldungen des Staates und der Gemeinden haben immer viel von Stürmen zu leiden. Namentlich ist es der Staatswald Schlatt zwischen Geltwyl und Müswangen auf Luzerner Gebiet, der in seinem mittleren Theil den, über die grosse kahle Moosfläche von Müswangen hereindringenden Westwinden ausgesetzt ist. Früher war der Süd- und Südosthang bis zur Strasse Müswangen-Geltwyl ordentlich d. h. geschlossen bewaldet, während des letzten Jahrzehnt aber sind im tieferen Theil grössere Flächen kahl geschlagen worden, so dass nun der Schlattwald nach Westen abgedeckt wurde.

Nach den bisherigen Erfahrungen scheint es nun, dass, sofern der Südwind oder Föhn mit dem Südwestwind zusammenwirkt, die Wolkenmassen, welche sich vom Baldeggersee her über der Moosfläche von Müswangen gelagert haben, von diesem in nordöstlicher Richtung um den waldlosen Fuss jener Stufe des Lindenberges herum gegen den Schlattwald getrieben werden, wo ungefähr in der Mitte desselben in Folge der Stürme von 1865 eine Lücke hier, sowie im östlich angrenzenden Gerechtigkeitswald von Geltwyl geschaffen wurde, welch letztere sich nachher durch Kahlschläge auf circa 100 ^{m} erweiterte. Der angrenzende alte Fichtenbestand hatte eine Höhe von circa 25 ^{m}.

Erwägt man nun, dass die Müswanger Kuppe das Moos schon um 65 ^{m} überragt, und dass auf derselben ein 25 ^{m} hoher Tannwald steht, so ergiebt sich eine stark ansteigende Stufe von 90 ^{m} oder 300 Fuss Höhe, welche mit ihrem in die Quere gezogenen Ende sehr auf die Gewitterwolken und ihren Weg einwirken muss.

Hier brachen nun auch nach übereinstimmenden Mittheilungen von Landleuten erstmals am 3. Juni 1867 die über den unbewaldeten Westhang heraufkommenden, tief gehenden Gewitterwolken durch, gegen das Freiamt und liessen in constant nördlicher Richtung auf der Ostseite Hagelschlossen fallen über den südlichen Theil von Buttwyl, den nördlichen Theil von Muri-Langdorf, Wei und Hasli bis Rottenschwyl.

Der Schaden war damals noch weniger intensiv, weil das Heugras gereift, das Getreide aber in der Entwickelung noch zurück war und Gärten und Hackfruchtfelder theilweise wieder neu bestellt werden konnten.

Der zweite Durchbruch auf derselben Stelle des Lindenberges erfolgte am 25. Juli 1869. Damals scheint aber der Nordwind dem Wolkenstrom mit mehr Stärke entgegen getreten zu sein, denn derselbe nahm östliche bis südöstliche Richtung und die

Hagelkörner fielen über Isenbergschwyl und Benzenschwyl bis an die Reuss.

Am 29. Mai 1871 traf, aus derselben Uebergangsstelle herkommend, ein Hochgewitter wiederum die Gemeinde Muri-Wei, den nördlichen Theil von Langdorf, Egg und die Ortschaft Birri.

Diese drei Hagelschläge sind höchst interessant wegen ihrer beschränkten Ausdehnung und der Art, wie sie verlaufen sind. Das Müswanger Moos, über welches sie kamen, hat 814 m Höhe. Nehmen wir den Gewitterstand 40 m über dem Boden, so ergiebt sich eine Höhe von 854 m, und rechnet man die Wolkenschichte zu circa 50 m Mächtigkeit, so ergiebt sich eine Maximalhöhe der obersten Gewitterschichten von 900 m oder ungefähr der Höhe der Bäumspitzen auf der nördlich anliegenden Kuppe mit der Bodenhöhe 869 m.

Als nun die Gewitterwolken südlich an der Kuppe vorbei und über und durch jene circa 100 m breite Schlattwaldlücke gezogen und auf den ziemlich rasch abfallenden unbewaldeten Osthang kamen, da begann der Hagelschlag, auffallender Weise jedoch nördlich am Buttenlandwald vorbei und nicht über diesen, doch schon tiefer liegenden Wald hinweg. Es constatirt sich also auch hier die Regel, dass der Hagel nur über kahlem Boden entsteht, nachdem die Wolken über eine nicht oder schlecht bewaldete Höhe gezogen sind. Im halben Verlauf des 1867er Hagelschlages liegt, auf zwei Seiten von einer Moosfläche mit 446 m Höhe umgeben, der Moränenhügel des Hasliwaldes und derjenige des Wylihölzli, welche die Höhe 462 m und 474 m und einen alten Holzbestand von wohl 24 m Höhe haben. Im Ganzen erhebt sich die Kronenhöhe des Waldes auf beiden Hügeln auf 486—498 m. Nun sind merkwürdiger Weise diese rundlichen Waldcomplexe vom Hagelwetter förmlich umflossen und ausgewichen worden, wie sich dies an Ort und Stelle deutlich ergeben hat und wie die Karte es nachweist. Es kann daher das Gewitter hier nicht viel mehr als die Höhe 500 m gehabt haben und hat sich selbiges vom Müswanger Moos her auf dieser kurzen Strecke um volle 400 m gesenkt, d. h. *auch dieses Gewitter ist förmlich vom Lindenberg herabgerollt oder herabgeflossen.*

Eine ganz ähnliche Erscheinung erzeigt sich beim zweiten Hagelwetter über Benzenschwyl, welches sich auf seiner ganzen Entwickelungslänge stets zwischen Waldparzellen durch Lücken hindurch bewegt hat. Ebenso hat das dritte Hagelwetter die bewaldete Moräne des Maiholz förmlich umgangen und ist durch die Lücke der Thürmelen gegen Birri geflossen.

Die Ufer des Reussflusses, an welchem diese drei Hagelwetter aufhörten, haben die Höhe von 380 ᵐ und beträgt somit der ganze Fall des Terrains und des Gewitters circa 430 ᵐ.

Wie sehr übrigens auch die Bevölkerung auf die Rolle aufmerksam geworden ist, welche gerade hier die Waldungen im Bezug auf die Hagelwetter spielen, das beweisen die Akten und der Vertrag über den im Jahre 1871 erfolgten Verkauf der ehemaligen Staatswaldung Schlattwald, in welcher sich die verhängnissvolle Lücke gebildet hatte.

Schon Ende der 60er Jahre trachtete der damalige Herr Oberförster Wietlisbach, die weit abgelegene, dem Frevel und dem Windschaden sehr ausgesetzte, überdies im Kanton Luzern hoch zu versteuernde aargauische Staatswaldung Schlatt, welche bei der Aufhebung des Klosters Muri übernommen worden war, zu veräussern und als sich Liebhaber zeigten, wurden bezügliche Verhandlungen angebahnt und ein Augenschein vorgenommen.

Als die Gemeinde Muri hiervon Kenntniss erhielt, richtete sie unterm 26. December 1870 folgende Zuschrift an den hohen Regierungsrath des Kantons Aargau:

„Hochgeehrter Herr Landamman!

„Hochgeehrte Herren Regierungsrathe!

„Wir erlauben uns, Ihre Aufmerksamkeit auf einige, die „Interessen unserer und der umliegenden Gemeinden stark be„rührende Verhältnisse hinzulenken, indem wir, gestützt auf ge„machte Erfahrungen, für die Hinkunft bedeutenden Schaden von „uns abzuwenden bestrebt sind.

„Es ist uns nämlich noch in zu frischem Andenken, wie der „Hagelschlag vom 3. Juni 1867 der Gemeinde Muri allein einen „Schaden von annähernd 100,000 Frcs. zufügte, um Wiederholungen „nicht auf's Lebhafteste zu besorgen.

„Die Gemeinde Muri hatte bis in's Jahr 1867 den beneidens„werthen Vorzug, nie durch Hagelschlag heimgesucht worden zu „sein. Die Ursachen dieser bevorzugten Stellung brachte uns das „verhängnissvolle Ergebniss dieses Jahres zum Bewusstsein. Genaue „und zuverlässige Beobachtungen stellten die Thatsache fest, dass

„das Hagelwetter aus einer, im Schlattwald entstandenen Lücke
„hervorgebrochen ist und von dort seinen verheerenden Zug über
„Muri bis nach Werd und Rottenschwyl genommen hat. Spätere
„Hagelwetter, die ihren Zug mehr südlich von Dorf Muri, über
„Isenbergschwyl etc. genommen, konnten in ihrem Laufe auf die
„gleiche, vergrösserte Lücke in der Bewaldung des höchsten
„Kammes des Lindenberges zurück verfolgt werden.

„Derartige genau constatirte Erscheinungen müssen den Land-
„mann, ja die ganze Bevölkerung bei jedem entstehenden Gewitter
„mit Angst und Bangen erfüllen und Jeder sieht mit Sehnsucht
„dem Zeitpunkt entgegen, wann die jungen Anpflanzungen einmal
„kräftig genug geworden, um den aus dem wasserreichen Seethal
„zu uns herüberdringenden, mit Dämpfen und Elektricität ge-
„schwängerten Wolkenmassen die giftige und verheerende Eigen-
„schaft zu nehmen und sie zur Feuchtigkeit bringenden, Segen
„spendenden umzuwandeln.

„Die gemachten bitteren Erfahrungen haben ihren Grund in
„der veränderten Behandlungsweise des Schlattwaldes durch den
„Staat. Während das Kloster den Wald im Besitz hatte, unter-
„warf es denselben dem Plänterbetrieb. Dadurch blieb der Höhen-
„zug stets bewaldet und Hagelwetter fanden nie statt. Der Staat
„dagegen, um den Ertrag zu erhöhen, wandelte den Plänterbetrieb
„in den schlagweisen Hochwaldbetrieb um. Die Folge davon ist,
„da der Wald selbst nur eine Breite von 100 bis 200 m hat,
„dass die Lücken der Schläge sich stets wiederholen und die Ge-
„legenheit zum Durchbruch der Gewitter permanent bleibt.

„Man hätte sich nun der Hoffnung hingeben können, dass
„der Staat, nachdem ihm einmal die Gefährlichkeit von Lücken
„in· diesem Schutzwald bekannt geworden war, derselbe wieder in
„die frühere Bewirthschaftungsweise einlenken würde. Es sind
„nun aber in letzter Zeit Intensionen in den maassgebenden Krei-
„sen laut geworden, welche·befürchten lassen, dass der Kanton
„Aargau in der Zukunft keinen Einfluss mehr auf dessen Be-
„handlungsweise nehmen wolle.

„Es sollen nämlich (wenn wir recht unterrichtet sind) im
„gegenwärtigen Augenblick Verkaufsunterhandlungen mit Privaten
„aus der Gemeinde Müswangen stattfinden, wodurch der allerdings
„im Kanton Luzern liegende Wald in Privat- oder Gemeindebesitz
„Müswangen übergehen würde.

„Werden nun die Käufer, um so bald als möglich zu ihrem
„Gelde zu gelangen, nicht den ganzen Holzbestand abschlagen
„müssen? Wird dadurch statt einer Lücke von 120—150 ^{m}
„nicht eine solche von 2000 ^{m} Länge geschaffen? Wird dann
„der Höhenzug wieder mit Holz bepflanzt oder bleibt er offenes
„Land?

„Sie sehen, hochgeehrte Herren, die grossen Gefahren, die aus
„einem solchen Verkaufe für unsere Gegend entstehen müssten.
„Unser Schutz- und Tannwald wäre dahin und den verheerenden
„Hagelwettern der grösste und bequemste Durchpass gestattet.

„Um diese Calamität von unserer Gegend abzuwenden, stellen
„wir an Sie, hochgeachteter Herr Landammann, hochgeachtete
„Herren, das ebenso ergebene als dringende Ansuchen: *von dem*
„Verkauf des Schlattwaldes in Anbetracht seines Nutzens für die
„Gegend zu abstrahiren und ihr Möglichstes anzuwenden, um
„die kahl geschlagenen Lücken so bald als möglich wieder auf-
„zuforsten und wieder zu dem früheren Plänterbetrieb zurück-
„zukehren.

„Wir geben uns der Hoffnung hin, Sie werden, wenn Sie sich
„von der Bedeutung des Schlattwaldes für unsere Gegend als Tann-
„wald überzeugt haben, unserem Gesuche entsprechen. Wir dürfen
„Sie versichern, dass noch eine Anzahl umliegender Gemeinden
„mit unserer Bitte einig gehen.

„Genehmigen Sie etc.

„Namens der Gemeinde Muri:

„Der Gemeindeamman Rey.
„Der Gemeindeschreiber Schmid."

Dass übrigens schon damals die Oberbehörden nicht blind
waren für Erscheinungen, wie sie in der obigen Petition der Gemeinde Muri dargelegt sind, das beweist die Berichtgabe des damaligen Herrn Oberförsters Wietlisbach an die Direktion des Innern
vom 13. Januar 1871.

Derselbe schreibt:

„Die Vorstellung des Gemeinderaths Muri vom 26. December
„1870 erscheint mir durchaus beachtenswerth.

„Sie macht wieder einmal auf eine derjenigen Wohlthaten
„und Einflüsse aufmerksam, welche der Wald zur Ausgleichung

„der so oft angefeindeten geringen Rente in klingender Münze den
„Menschen und dem Lande, das diese bewohnen, angedeihen lässt.
„Sie bestätigt, dass der Wald auf die Vorgänge in der Atmo-
„sphäre einen grossen und zwar den Temperaturwechsel, die Luft-
„strömungen und die wässerigen Niederschläge umfassenden Ein--
„fluss ausübt.

„Die Erscheinung, dass die Schlagführung im Schlattwald von
„unmittelbarer Rückwirkung auf die Hagelwetter im Bünz- und
„Reussthale ist, erklärt sich aus der bekannten Thatsache, dass
„die Waldungen eine günstige, die Hagelbildung verhütende Wir-
„kung ausüben. Die ersten Meteorologen wie Dove u. A. geben
„dies zu. So schreibt Dove: „„Casalberc in der Provinz degl' Irpini
„(Neapel) war gegen Nordwesten von einem bewaldeten Berg-
„rücken geschützt und frei von Hagelfällen. Seitdem der Abhang
„abgeholzt ist, hagelt es fast alle Jahre."" Aehnliches verlautet
„aus der Lombardei, aus Böhmen, aber ganz aus unserer Nähe
„ebenfalls. Aus den Kantonen Baselland, Thurgau und Luzern
„sind frappante Beispiele aufzuzählen, welche zum Theil Ver-
„anlassung dazu gaben, dass in unserem Forstgesetz im § 48 eine
„Bestimmung Platz fand, durch welche Waldungen auf Anhöhen,
„welche erfahrungsgemäss gegen Hagelwetter schützen, erhalten
„werden sollen. Viele Gemeinden unseres Kantons wissen die
„Wichtigkeit von, in nord- oder südwestlicher Lage von ihnen,
„auf Anhöhen gelegenen Waldcomplexen im Bezug auf Schutz
„gegen Hagelwetter recht gut zu würdigen und setzen grosses
„Gewicht auf möglichste Umsicht in der Abtriebsweise.

„Die Staatswaldung Schlatt, bestehend aus Fichten und Tannen-
„beständen mit wenig Eichen und Aspen, gehört ohne Zweifel zu
„denjenigen Waldstücken, welche, so wenig beträchtlich ihre Aus-
„dehnung ist, dennoch entschiedenen Einfluss als Schutzbestand
„auszuüben im Stande sind. Auf der Höhe des Lindenberges,
„820 m über Meer, zieht sie sich 1620 m lang von Nordnordwest
„nach Südsüdost und bildet so einen langgestreckten Wall gegen
„die von Westen und Südwesten heranziehenden Hagelwetter. Wenn
„diese von dem um 390 m tieferen Seethal heranrücken, so bricht
„sich deren Gewalt an den Spitzen der, als Elektricitätsausgleicher
„dienenden Bäume der Höhe und werden sie so verhindert, sich
„plötzlich zu entladen.

„Mit dem Schlattwald theilen sich noch die schon etwas tiefer

„gelegenen Gerechtigkeitswälder von Buttwyl und Geltwyl in die „schützende Aufgabe.

„Bei genügender Umsicht lassen sich die Hiebe in denselben „und im Staatswald so eintheilen, dass immerfort entweder die „östliche oder westliche Partie der Waldmasse der ganzen Länge „nach Schutz darbieten kann.

„Obschon die Schlattwaldung, weil auf luzern'schem Boden „liegend und zur Zeit mit unmässigen Gemeindesteuern belastet, „dem Verkaufe ausgesetzt werden sollte, so sprechen bei der Un- „möglichkeit, entweder eine angemessene Kaufsumme oder ge- „nügende Garantien für deren Erhaltung im Sinne des § 48 des „Forstgesetzes zu erzielen, Gründe volkswirthschaftlicher und poli- „tischer Natur dafür, für einmal den Verkauf zu sistiren.

„Ich schliesse mit dem Antrage, das Gesuch des Gemeinde- „raths von Muri, betreffend Nichtverkauf der Schlattwaldung, dem „hohen Regierungsrath zur Berücksichtigung zu empfehlen und „den Verkauf nur an aargauische Gemeinden, sofern solche an- „nehmbare Angebote und genügende Garantie bieten, zu bewerk- „stelligen.

„13. Januar 1871.

„(sig.) Wietlisbach.“

In Folge dieses Antrages wurden dann die eingeleiteten Verkaufsunterhandlungen mit der luzern'schen Gemeinde Müswangen abgebrochen und die Angelegenheit blieb liegen.

Bald nachher aber wurden von Seite eines angesehenen Aargauers neue Kaufsofferten gemacht und die Angelegenheit neuerdings in Fluss gebracht. Damals, in der Zeit des grössten Eisenbahnfiebers und des Beginnes der ungesunden Spekulationen, da ertönte in den Behörden der Ruf: „Weg mit den Staatswaldungen, die nur 3 pCt. rentiren und aus dem Erlös die neuen Eisenbahnen subventionirt, welche dem Lande eine glänzende Zukunft schaffen.“

Es war vergeblich gegen den allmächtigen Strom der Zeit und das Eisenbahnfieber anzukämpfen, man musste nachgeben und die entlegenen Waldungen verkaufen, um die anderen zu retten, auch wenn man sich bewusst war, wirthschaftliche Fehler zu begehen.

So wurde denn auch der Schlattwald versilbert, jedoch immerhin nicht, ohne die Interessen der Landesgegend bedacht zu haben.

In dem betreffenden Kaufvertrag vom 6. November 1871 wurde nämlich folgende Bestimmung aufgenommen:

„Genannte Parzelle soll zum Schutz der Bünzthalgemeinden *„gegen Hagelschaden nach einem vom Oberforstamte zu ge-* *„nehmigenden Wirthschaftsplane, dem eine 60jährige Umtriebs-* *„zeit zu Grunde gelegt ist, bewirthschaftet werden."*

Die Bewirthschaftung der in Privathänden befindlichen Waldung ist also nicht frei, wie in den übrigen Privatwaldungen sondern unterliegt, wie diejenige der Gemeindewaldungen der Oberaufsicht des Staatsforstpersonals. Es ist durch diese Klausel und durch § 48 des Gesetzes dafür gesorgt, dass die Wiederentstehung der verhängnissvollen Lücke vermieden werden kann.

Der nunmehrige Besitzer hat in der That seit 1870 sehr sparsam geschlagen und schöne Fichten- und Buchenculturanlagen gemacht. Auch sind ältere Culturen anstossender Waldbesitzer und die Laubholzausschläge im Geltwyler Wald nun so herangewachsen, dass Bestandesschluss auf mehreren Stellen der Schlattwaldlücke entstanden ist. Ob dies genügt und ob eine Waldhöhe von 3—4 m an dieser freilich 815 m hoch gelegenen Stelle ausreicht, um die Hagelwetter abzuhalten, bleibt einstweilen noch dahingestellt. Thatsache ist wenigstens, dass seit 1871 hier keine Gewitter mehr durchgezogen sind.

---

b. Die Waldlücke beim Grodhof.

Dagegen haben die Gewitter, welche den unbewaldeten Westhang bei Müswangeu erstiegen und über das Moos beim Schlattwald hereingebrochen sind, einen andern, nur um einen Kilometer südlicher gelegenen Weg in's Bünzthal genommen, indem sie nämlich durch die 400 m breite Waldlücke über jenes offene Land beim Grodhof zogen und jenseits ihre verheerenden Wirkungen geltend machten.

Man vergleiche die beigelegten Karten (Beilage I und II) und bedenke, dass die beidseitige Höhe der Fichtenwaldung 20—25 m beträgt.

Frau Xaver Stalder vom Grodhof sagt aus, dass in den Jahren 1876, 1877 und 1878 Hagelschlag durch die Waldlücke erfolgt sei. In den Jahren 1876 und 1878 sei der Hagelschlag über die Höhe her mit einer Schlossengrösse wie kleinere Haselnüsse erfolgt und im ersten Jahr auch noch durch eine kleine, in Folge von Holzschlägen nördlicher entstandene Lücke. Diese beiden Gewitter seien aus der Gegend von Münster im Kanton Luzern über Ermensee und Müswangen gekommen und hätten schon im Seethal und am Westabhang Hagel fallen lassen. Ueberhaupt kommen die gefährlichen Wetter immer von Münster und vom Thaleinhang gegen das Seethal über die „Ehrlosen" her. Niemals seien Gewitter aus Süden, Norden oder Osten gefährlich. Sehr oft spielen sich die Gewitter östlich in der Tiefe des Reussthales ab und sehe man dann prächtig über dieselben weg. Früher sei ein Privatwäldchen bis in die Mitte der Lücke westlich beim Grodhof vorgestanden, welches sehr merklich geschützt habe. Seitdem dieses abgetrieben und gerodet sei, schade der Hagel viel stärker. Die Frau ist der Ansicht, dass die Wälder völlig gegen Hagelschlag decken.

Müller Hodel von Ermensee, Kanton Luzern, sagt aus, dass im Anfang der 1870er Jahre ein Hagelwetter durch eine 5 Jucharten grosse Waldlücke in der „Ehrlosen" von der kahlen Höhe der Hochwacht, aus der Richtung von Münster her auf sein Land am Nordende des Dorfes zwischen dem Hallwyler- und Baldeggersee gekommen sei und viel geschadet habe. Dasselbe sei gegen Hämiken und Müswangen hinaufgezogen.

Vor dieser Abholzung sei bei Mannesdenken kein Hagelschlag in dortiger Gemeinde erfolgt.

Wir erinnern daran, dass das Hochplateau von Münster gegen Ermensee hin bis auf den Kamm unbewaldet ist und dass nur der Einhang „Ehrlosen" genannt, gegen den Baldeggersee und den Ort Ermensee Wald trägt.

Es hat daher auch dieser Hagelschlag genau die Regel eingehalten.

Das Gewitter vom 1. Juni, welches laut Mittheilungen der Frau Stalder im Grodhof nur Graupeln hat fallen lassen, wird vom Herrn Kreisförster Dössekel folgendermaassen beschrieben:

„Ein Hochgewitter wurde vom Seethal her durch den heftigen Südwestwind über die waldlose Hochebene von Müswangen getrieben. Während im Schlattwald nur einzelne Graupelkörner gefallen seien, so dass die Halmfrüchte nicht beschädigt wurden, so concentrirte sich die Strömung gegen und durch die Waldlücke oberhalb dem Grodhof und bewegte sich über Winterschwyl nach Benzenschwyl. An letzterem Orte traf das Hochgewitter, von heftigem Sturm begleitet, circa ½ 3 Uhr Nachmittags ein und beschädigte besonders Roggen und Mischelfrucht derart, dass der Ertrag um ¼ bis ⅙ reducirt wurde. Der Hagelstrich hatte jedoch eine sehr geringe Ausbreitung. Ueber Waltenschwyl, das durch Wälder gedeckt ist, sollen blos Graupeln gefallen sein. Auch über Beinwyl und Wiggwyl ist ein Gewitterzug abgelenkt worden. Jedoch sind dorten nur vereinzelte Körner gefallen, etwa in der Grösse von Haselnüssen und haben kaum merklichen Schaden verursacht.

Die südliche Fortbewegung dieses Gewitterzuges bestand in einem Sturmwind, der in Alikon mehrere Stämme entwurzelte.

Nach Aussagen von Bewohnern der Ortschaft Grüt, welche nordöstlich vom Grodhof liegt und von der Waldung auf dem Berg gedeckt ist, sind dorten noch keine Hagelschläge aufgetreten.

Es muss auch hier hervorgehoben werden, dass dieser Hagelschlag über kahle Hochflächen und durch eine Waldlücke gekommen ist, oben mit Graupeln angefangen und erst in der Tiefe über kahlen Flächen Hagelschlossen hat fallen lassen.

Andere Waldlücken auf dem Rücken des Lindenberges in südlicher Richtung sind weniger von Bedeutung, da entweder westlich oder östlich Wälder davor liegen, und ist sich die Bevölkerung auch klar bewusst, dass gerade diese letzteren guten Schutz bieten.

Von besonderer Bedeutung ist jedoch das südliche Ende des Lindenberges und erheischt dieses noch einer Betrachtung."

---

6. Die Hagelwetter an der Südspitze des Lindenberges.

An heissen Sommertagen bei sonst windstillem Wetter kommt es sehr oft vor, dass die mit Wasserdämpfen gesättigten und stark erhitzten Luftmassen der tief eingeschnittenen Thäler des Sempacher-, des Hallwyler- und Baldeggersees durch einen leichten Luftzug, welcher auf die Thalsohlen von Norden heraufdrückt, südwärts in Bewegung gesetzt werden. Dieser Luftzug kommt vom Jura und senkt sich in's Aarethal hinab und streicht dann dorten auf den Sohlen des Aa- und Suhrenthales hinauf. Er heisst deshalb in den Seegegenden allgemein die Aarebise. Er ist eine Abart des Nordostwindes, der eigentlichen Bise.

Wenn nun die Aarbise die erhitzten Dunstmassen südwärts schiebt, so treffen diejenigen aus dem Sempacher Thal, welche bisher durch das im Mittel 700 ᵐ hohe Plateau von Münster und Schwarzenbach theilweise von demjenigen des Baldeggersees getrennt waren, am Südabfall dieses Plateaus vorüber, über eine Niederung von 500—540 ᵐ Höhe mit den letzteren in Contakt. Für die Bildung von Gewittern ist dieser Südabhang und Fuss des Plateaus von Münster um so mehr von Bedeutung, als hier die Bewaldung eine ganz schwache, offenbar ungenügende ist, wenn auch die zahlreichen Obstbäume manchen Ersatz liefern. Sind nun diese Luft- oder Wolkenmassen südwärts, etwa bis zur Linie Rothenburg-Eschenbach gelangt, so werden sie wieder in nordöstlicher Richtung abgelenkt durch eine kühle und feuchte Luftströmung, welche aus dem Entlebuch herabkommt und welche früher schon unter den herrschenden Südwestwinden aufgeführt worden ist. Auf ihrem Wege treffen dann die nunmehr entstehenden Gewitter auf den schlecht bewaldeten, 500—550 ᵐ hohen südlichen Abfall des Lindenberges bei Abtwyl, Fenkrieden und Giebelfluh und werfen sich dann mit ihren Entladungen über dieses Gebiet in's Reussthal und gegen den Kanton Zug. Diese Gewitter nehmen in der Regel eine bedeutende Breitenausdehnung ein. Sie gestalten sich aber nicht immer und nie auf ihrer ganzen Ausdehnung zu Hagelwettern. Sondern wir finden nur ganz bestimmt begrenzte und lokalisirte Hagelstriche, welche mit den Bewaldungsverhältnissen im engsten Zusammenhang stehen. Lassen wir nun dem Herrn Kreisförster Dössekel das Wort über das Hagelwetter vom 1. Juni 1877. Er sagt:

„Sehr nachtheilig wirkte das Hochgewitter, welches vom Sempachersee her in zernichtender Weise über Rain, Eschenbach und — Ballwyl verschonend — über Ottenhausen gegen Abtwyl und Fenkrieden getrieben wurde. Dort in den Waldlücken der Höfe Kramis und Giebelflüh sind die verheerenden Folgen des Hagelschlages sehr in die Augen fallend. Auf dem Moos westlich von Fenkrieden ist Roggen und Korn durchaus vernichtet. Die Obstbäume sind bis zum Dörfchen auf der Westseite entblättert und beschädigt und ist auf einen Obstertrag nicht mehr zu rechnen. Die Hackfrüchte haben, weil in der Entwicklung noch zurück, wenig gelitten. Westlich von Abtwyl gegen den Kramis und südlich vom Dorf, wo mehr Obstbäume stehen, welche die Wucht

des Hagelschlages etwas aufgehalten haben, büssten die Getreidefelder blos circa die Hälfte ein. Das sich über Abtwyl bewegende
Hagelwetter setzte sich bis über Aettenschwyl hinaus fort. Der
Schaden wurde für Fenkrieden und Gerenschwyl allein zu 40,000 Fcs.
geschätzt und in Abtwyl giebt man denselben zu 3000 Frcs. an.
Die Hauptwucht des Gewitters machte sich gegen Gerenschwyl
geltend und suchte es hier über die bewaldeten Höhen oberhalb
Dietwyl den Durchpass in's Reussthal zu gewinnen. Der Durchbruch erfolgte denn auch bei der schmalen Waldlücke oberhalb
dem Hof hintere Eglezen, wo nicht nur der Hagelschlag, sondern
auch der Sturm weitaus am heftigsten waren. Es ist nämlich hier
das nördlich dem Weg von Gerenschwyl nach Dietwyl liegende
Waldstück ganz gerodet und von dem auf der Südseite des gleichen
Weges anstossenden alten 60—80 jährigen Tannwald sind circa
4 Jucharten mit 2—3 jähriger Cultur bestellt, so dass hier eine
Lücke von über 200 ᵐ Breite entstanden ist. Die Fortsetzung des
Hagelschlages aus dieser Lücke traf die Landflächen zwischen
Oberrüti und Dietwyl und besonders die in der Nähe der Reuss
gelegenen Höfe, welche $\frac{1}{2}$ bis $\frac{1}{4}$ Schaden litten. *Die hinter dem
alten Wald gelegenen Landstücke des Betlehem sind ganz ver-
schont geblieben.* Einen ferneren Durchpass fand das Hagelwetter
über eine alte Windbruchlücke von 50 ᵐ Breite im 80 jährigen
Tannwald bei der vorderen Eglezen westlich von Dietwyl. Dort
sind unterhalb dem Wald auf wenig mehr als 50 ᵐ Breite, *genau
der Lücke entsprechend,* die Bäume und Getreidefelder beschädigt
wie oberhalb bei Gerenschwyl, während dem südlich und nördlich
die Beschädigungen kaum bemerkbar waren. Die Beschädigungen
setzten sich in der Richtung gegen die Dorfkirche in einer Breite
von 100—150 ᵐ fort.

Ein dritter Theil des Hagelwetters muss sich über die ver-
jüngte Tannwaldfläche im nördlichen Theil des Hirzenwaldes südlich am alten Tannwald im Altweier durchgedrängt haben, denn
unmittelbar unterhalb dieser Lage ist die Intensität des Schadens
so bedeutend, dass die Roggenäcker abgemäht werden mussten
und Korn und Weizen kaum noch den halben Ertrag gaben.

Endlich wurde eine letzte Abzweigung von Giebelfluh aus
südlich beim Sulzberg vorbei über die Schwärzelen und das Buholz,
dann südlich vom Gerechtigkeitswald von Dietwyl vorbei thalwärts
gegen die Körblingen bei Honau getrieben. In Dietwyl wird der

Schaden im dortigen Gemeindebezirk oberflächlich auf 10,000 Frcs. geschätzt, eine gemeinderäthliche Aufnahme hat nicht stattgefunden.

Die Waldlücke bei der hinteren Eglezen habe früher schon, als sie noch schmäler war, Gewittern mit Hagelschlag Durchpass gelassen, so im Jahre 1847." (Vide Beilage II.)

Es war nicht möglich, den so wichtigen Entstehungsort dieses Hagelwetters festzustellen, der weit jenseits des Wirkungskreises aargauischer Forstbeamteten liegt. Dagegen hat dieses Hagelwetter ganz besonderes Interesse wegen der so klar hervortretenden Wirkung der Tannenhochwaldbestände westlich von Klein-Dietwyl, welche den Hagelschlag grösstentheils vom Reussthal abhalten und nur auf Lücken demselben Durchpass gestatten, während dem doch das ganze Gewitter ununterbrochen über die ganze Gegend gezogen ist.

Das letzte Hagelwetter, welches bis zur heutigen Stunde jene Gegend betroffen hat, ist dasjenige vom 28. Mai 1878. Dasselbe ist nach bewölktem Tage mit abwechselnd warmer und kühler Windströmung aus der Gegend von Eschenbach zwischen den Höfen Kramis und Sennenmoos hereingebrochen und hat wahrscheinlich erst auf dieser Stelle Hagel fallen lassen, denn die ersten Schlossenspuren zeigten sich auf dem Feld von Fenkrieden und mehrten sich dermaassen gegen das Dorf, dass noch am folgenden Morgen ganze Maden unter den Dachtraufen der Häuser lagen. Das Gewitter welches wie gewöhnlich mit ziemlich starkem Sturm begleitet war, wurde durch den aus der Richtung des Eichhölzle herkommenden starken Föhn auf der Westseite des Dörfchens vorbei gegen den Hof Wysthal und von dorten zwischen dem Gerechtigkeitswald von Oberrüti und den östlich vom Hof Küttig liegenden Privatwaldungen hindurch getrieben. Spuren von Hagelschaden zeigten sich auch im Gerechtigkeitswald Oberrüti, dem sogenannten Oberwald. Das östlich dahinter liegende Dorf ist indessen ganz davon verschont worden. Merkwürdig ist, dass das Hagelwetter die Häusergruppe Winterhalden, welche etwas hinter der Waldecke liegt, verschont hat und sich ganz zwischen ihr und dem sogenannten Hohenhaus durchgezwängt hat. Dann wurde es in nordöstlicher Richtung über die Strasse Oberrüti, Winterhalden abgelenkt und durch eine enge Waldlücke bei der Gerechtigkeitswaldung Ober- und Unter-Dürribühl gegen die Sinserhöfe fortgepflanzt. Zuletzt nahm es, in wiederum breiterer Front, die Richtung östlich gegen und über die Reuss. Die gefallenen Schlossen erreichten kaum die Grösse kleiner Haselnüsse, fielen aber ziemlich dicht. Die Obstbäume westlich von Fenkrieden sind weniger beschädigt als im vorigen Jahr, jedoch immerhin so, dass fast gar kein Ertrag zu erwarten ist, da sie auf der Wetterseite mehr oder weniger entblättert sind. Der Getreideertrag ist hier um $1/3$ bis $1/4$ reducirt. Auffallender ist der Schaden beim Hofe Wysthal. Die ziemlich zahlreichen Obstbäume hier und oberhalb der Winterhalde sind arg beschädigt. Einzelne Aepfelbäume, die reichlich mit Früchten besetzt waren, sind deren beraubt und blattlos oder doch so beschädigt worden, dass die Früchte nicht reifen können. Den Getreideschaden darf man zu $1/4$ bis $1/2$ des Ertrages schätzen. Auch das Acker- und Wiesenfutter hat arg gelitten und sind auch die Hackfrüchte theilweis beschädigt. Ziemlich bedeutend ist der Schaden bei den Sinser-Höfen. Eine amtliche Schadensermittelung hat jedoch nicht stattgefunden.

Es mag hier noch hervorgehoben werden, dass das Waldstück zwischen dem Hof Kramis und dem Sennenmoos junger 4 ^{m} hoher Tannwald ist und dass die Gerechtigkeitswaldungen Oberrüti in Tannenhochwald bestehen. Namentlich ist die enge Waldlücke gegen die Sinserhöfe von altem Hochwald gebildet. Die geringe Breite des Hagelstriches von Fenkrieden gegen Wysthal im Vergleich zu der viel grösseren Breitenausdehnung des Gewitters scheint darauf hinzudeuten, dass nur diejenigen Gewittertheile, welche über die Waldlücken bei Kramis und Sennenmoos gestrichen sind, Hagelschlag verursacht haben und sind dabei die sehr wechselnden Windeinflüsse entscheidend gewesen.

Der Herr Kreisförster Dössekel zieht aus den beiden Hagelwettern von 1877 und 1878 am Südfuss des Lindenberges den übrigens sehr naheliegenden Schluss, *dass der Zusammenhang der Waldungen über den Rücken des Lindenberges und namentlich auch an seinem südlichen Fuss den Thalschaften des oberen Freiamts grossen Vortheil bringen würde und dass deshalb eine Aufforstung der noch vorhandenen Lücken und das Verbot der Kahlschläge in Anwendung des § 48 des Forstgesetzes angezeigt wäre.*

7. Die Hagelschläge aus dem oberen Ergolzthal gegen Wittnau, Wölflinswyl und Oberhof.

Nördlich vom sogenannten Kettenjura, dessen einzelne Rücken in der Richtung von Südwesten nach Nordosten verlaufen und eine Höhe bis zu 963 m (Geissfluh) erreichen, legt sich, wie in der Einleitung erwähnt, der sogenannte Plateaujura an, welcher die ganze Fläche bis zum Rhein ausfüllt. Seine Schichten sind wenige Grade nach Süden geneigt und es finden sich zunächst am Kettenjura die Schichten des weissen Jura mit darüber gelagerter Jura-nagelfluh. Nordwärts treten immer ältere Schichten hervor, wovon die felsigen breite Plateaus bilden. Zu beiden Seiten des Thales von Wittnau und Frick sind es der braune Jura, dann über Wegenstetten, Schupfart und Oeschgen der Lias und der Keuper und zuletzt am Rhein der Muschelkalk, welche zu Tage treten.

In die weissen Juraplateaus, welche das Niveau von 550 bis 600 m haben, sind zahlreiche, im Allgemeinen nordwestlich verlaufende, meist enge Thäler eingesenkt; so das Thal von Effingen, Bötzen und Hornussen, das Thal von Ober- und Niederzeihen, das Thal von Densbüren-Herznach, das Thal von Oberhof, Wölflinswil, und das Thal von Wittnau-Frick, alle im Aargauer Jura und zum Flussgebiet der Sisseln gehörig. — Nördlich von diesem Plateau richten sich an der Grenze des Lias die unteren Schichten des braunen Jura zu einem bedeutenden Bergmassiv auf, dessen höchste Partien 750 m über Meer liegen und Thiersteinberg genannt werden. Seine verschiedenen Abzweigungen bilden die Wasserscheide zwischen der Sisseln, der Ergolz und den Bächen, welche sich durch das Wegenstetter und Schupfarter Thal in den Rhein ergiessen. Zwischen den südlichen Ausläufern des Thiersteinberges und den Nordabhängen des Kettenjura liegt der Tafeljura in einem Niveau von rund 600 m Meereshöhe gegen Westen hin frei. In dieses Tafelland sind in nordwestlicher Richtung eingeschnitten die obersten drei Quellthäler der Ergolz, nämlich das Thal von Rothenfluh, von Anwyl gegen Gelterkinden und die Thäler von Zeglingen und Läufelfingen, welche in Verbindung mit der Frohburg und dem Hauenstein stehen, jenem grossen Rendez-vous der Lüfte und Wolken, das wir bereits kennen gelernt haben. Weiter westlich senkt sich das grosse Thal der Ergolz über Sissach und

Liestal zum Rhein-Thal bei Augst hinab, successive von 450 ᵐ bei Rothenfluh bis zu 300 ᵐ bei Augst fallend.

Unterhalb Rothenfluh und bei Ormalingen zweigen sich zwei Seitenthäler in nördlicher Richtung gegen Wegenstetten und Schupfart ab zur nordwestlichen Umgehung des Thiersteinberges.

Von diesem letzteren ist nur der nördlichste Theil, welcher auf 750 ᵐ ansteigt, gut bewaldet, während dem das südliche 630 bis 660 ᵐ hohe Thiersteinbergplateau, Buschberg und Lindberg genannt, schlecht bewaldet ist und weite kahle Flächen mit blos vereinzelten Föhrenbeständchen aufweist.

Auch die Plateaus des weissen Jura westlich von Anwyl bei Wenslingen und Rüneburg sind kahl. Der gesammte untere weisse Jura und die Juranagelfluh sind im Frickthal und Baselland überhaupt waldarm. Insbesondere verdient hervorgehoben zu werden, dass die Fichten gar nicht und die Weisstannen nur schlecht gedeihen. Blos einzelne zerstreute Föhrenbüsche bedecken die weiten Hochflächen von Kienberg über Wenslingen, Anwyl, Wölflinswyl, Herznach, Bözen und Effingen. Nur die Thaleinhänge, an denen andere Schichten zu Tage treten, weisen einige schönere Nadel- und Laubholzbestände auf.

Die Gewitter nun, welche von Basel her aus der Lücke von Belfort durch's Ergolzthal hinaufkommen, werfen sich entweder gegen den Hauenstein oder aber sie überschreiten bei Anwyl die Wasserscheide und entladen sich über Wittnau, Wölflinswyl, Oberhof etc.

Oft werden sie auch vom Südwestwinde erfasst und über Wegenstetten und Schupfart nordwestlich am Thiersteinberg vorbei getrieben. Beim Vorherrschen von Süd- oder Südwestwind kommt es sehr oft vor, dass Gewitter vom Hauenstein her nördlich aus dem Kettenjura heraustreten und im Tafeljura dann ihren Weg weiter verfolgen.

Manche Gewitter haben einen weniger lokalen Charakter und kommen in breiter Front zwischen Schwarzwald und Kettenjura daher. Sie stehen meist hoch und sind weniger gefährlich.

Ein Blick auf die Karte genügt zur Orientirung über die topographische Lage der Ortschaft Anwyl.

Leider liegen nun aus den Jahrzehnten von 1850—1860 und von 1860—1870, in welchen in den aargauischen Ortschaften Oberhof und Wölflinswyl bedeutende Hagelschläge vorkamen, nicht genaue Beobachtungen vor und ist gerade das Jahrzehnt 1870 bis 1880 verhältnissmässig arm an Hagel in dieser Gegend. Die Leute erklären diese Erscheinung damit, dass die bereits ziemlich herangewachsenen Nadelholzbestände auf dem Mühlacker, dem Räbli und der Rumishalde, welche bis 875 m hinaufreichen, die Hagelwetter nunmehr von der Thalschaft abhalten.

Es scheinen übrigens auch die allgemeinen Witterungsverhältnisse der letzten Jahre den Hagelschlägen weniger günstig gewesen zu sein.

Der älteste Hagelschlag, an welchen man sich auf Benken, in Oberhof und Wölflinswyl erinnern kann, sei derjenige in der Nacht vom 9. auf den 10. Juli 1855 gewesen. Es sei derselbe über die kahle Höhe der Sahlhöfe von Südwesten her in der gleichen Nacht zweimal mit grosser Heftigkeit gekommen. Im Benken sei er Nachts $10\frac{1}{2}$ Uhr zum ersten Mal und Morgens 3 Uhr zum zweiten Mal erfolgt. Die Steine seien äusserst zahlreich und in der Grösse von Baumnüssen gefallen. Die Sahlhofhöhe hat die Quote 775 m und nehmen wir noch 25 m Wolkenhöhe über dem Boden hinzu, so finden wir das Wetter 800 m über Meer. Der Benken hat 587 m und das umliegende Feld wohl im Mittel 600 m. Es betrug daher der Hagelfall circa 200 m, wenn sich das Gewitter in seinem Verlauf nicht gesenkt hat, was jedoch kaum anzunehmen ist. Immerhin deutet die Schlossengrösse auf einen Fallraum von 150 m und darüber.

Im Jahre 1858 sei dann wieder ein bedeutender Hagelschlag nördlich am Räbli vorbei von Anwyl über Wölflinswyl und die kahlen Höhen am Nordabhang des Strichen über die Wasserscheide gegen Herznach erfolgt.

Im Jahre 1866, Ende Mai, soll ein Hagelschlag aus gleicher Richtung über Wenzhof und die Wasserscheide gegen Herznach erfolgt sein.

Im Jahre 1870 erfolgte ein Hagelschlag mehr auf der Nordseite von Wölflinswyl über die Röthizelg, Geindel und das Angerhölzli gegen Herznach. Auch dieser Strich ist über die ganze Höhe und gegen das Thal unbewaldet, während dem der Eggwald diesen vom südlicheren Hagelstrich scheidet.

Die Bewohner von Herznach müssen denn auch wegen des öfteren Auftretens von Hagelschlag 1 pCt. mehr in der Versicherung bezahlen als andere.

Es sind auch hier wieder die Waldlücken auf der westlichen Höhe beim Angerhölzli und auf der Wasserscheide am häufigeren Hagelschlag Schuld.

Einen andern eigenthümlichen Verlauf nahm das Hagelwetter vom 28. August 1873, welches von Herrn Kreisförster Salathe folgendermaassen beschrieben wird:

„Der 28. August 1873 war ein schöner Sommertag. Am Nachmittag gegen 1 Uhr zog, bei schwachem Westwind, von der basellandschaftlichen Gemeinde Anwyl her gegen Wölflinswyl ein Gewitter. Es fiel nur wenig Regen, dafür aber während 3 bis 4 Minuten ein starker Hagel mit Schlossen bis zur Grösse eines Hühnereies. Glücklicher Weise hörte im Thal während des Hagelfalles der Wind ganz auf und es fielen deshalb die Schlossen beinahe senkrecht zur Erde und richteten verhältnissmässig wenig Schaden an. Immerhin war dieser doch an den Obstbäumen und besonders in den Weinbergen bedeutend. In letzteren wird der Schaden auf $^1/_3$ des Ertrages geschätzt. Der Hagelschlag traf Anwyl — Kienberg nur zum Theil — dann aber die Gemeinden Wölflinswyl und Oberhof mit der Ortschaft Benken. Die Gewitterwolken verfingen sich in dem vom Räbli, der Wasserfluh und dem hohen, bewaldeten Strichen gebildeten Thalkessel und konnten nur auf den jochartigen Einsenkungen südlich gegen Erlinsbach und Küttigen und östlich gegen Asp abfliessen.“

Die Gemeinden Herznach und Densbüren haben denn auch keinen Hagelschlag gehabt.

Der Gemeindeförster Roth von Ober-Erlinsbach schreibt:

„Am 28. August 1873 drohte uns ein Hagelwetter von Norden her. Dasselbe hat sich aber nur auf den hochgelegenen Flächen im Hard und den nordwestlichen Wiesen und Waldungen entladen und wir hatten nur einen fürchterlichen Sturm.“

Der Gemeindeförster Bircher von Küttigen schreibt:

„Ich war am 28. August 1873 südlich unterhalb der Wasserfluh auf den Wiesen beschäftigt, da kamen gegen 12 Uhr Mittags (wahrscheinlich etwas später) von der Wasserfluh her grosse weisse Klumpen wie Tauben daher geflogen. Sie waren aber nicht sehr zahlreich und kaum so dicht wie Graupeln. Man sah sie schon auf circa 300 Fuss Entfernung. Später kamen aber mehr solcher, so dass man sich flüchten musste unter Bäume, Wagen und

Karren. Sie hatten die Grösse von der Baumnuss bis zum Apfel und alle möglichen Formen. Gleichwohl war der Schaden ganz unbedeutend, da nur der Berg und der Achenberg etwas betroffen wurden."

Für die Thalschaft von Oberhof und Wölflinswyl und weiter auch für Herznach ist von grosser Bedeutung der Nordabfall der Burghöhe über Kohlenen, Rub und Bächlimatt und seine Bewaldung.

Eine Lokalbesichtigung dieses Abfalles ergiebt nun, dass zur Zeit auf dem ganzen Westhang gegen Kienberg und Anwyl keine Waldung vorhanden ist und dass auch der eigentliche Rücken ganz kahl ist bis auf einige Föhrenbüsche. Erst auf Rub und Bächlimatt treten kleine Föhrengruppen häufiger auf. Auf dem Osthang in gerader Linie zwischen Wölflinswyl und Anwyl liegt eine circa 30—40 jährige Tannen- und Fichtenwaldung der Gemeinde Wölflinswyl. Diese beginnt aber erst mit den Spitzen des obersten Saumes die Höhe der Wasserscheide gegen Westen hin zu erreichen.

Südlich von dieser Fichtenwaldung und bis zur Gemeindewaldung Unterburg findet sich eine Waldlücke von circa 500 ^{m} Breite, Erli genannt, wegen der Erlenbüsche, welche dort auf jener stets nassen Stelle südlich des Höhenpunktes 713 vorkommen. Gerade durch diese Lücke ist nun das Hagelwetter von 1873 am stärksten gewesen. Freilich ist auch nordwärts über die niedrige Tannwaldung und zum Theil noch über Bächlimatt etwas Hagelschlag gekommen. Immerhin aber hat derselbe mehr nur die südlichen Theile von Wölflinswyl leicht getroffen.

Da das Hagelwetter die 784 ^{m} hohe Burg nördlich umgangen und nur an ihren Abhängen getobt hat, so dürfen wir seine Höhe über Meer auf 750—780 ^{m} ansetzen. Die Thalsohle von Wölflinswyl hat die Quote 458 ^{m} und finden wir daher einen Fallraum von circa 300 ^{m}, woraus sich die bedeutende Schlossengrösse (Hühnereigrösse) erklärt. Ferner erklärt sich aus dieser Gewitterhöhe das Ueberfliessen desselben über die 726 ^{m} hohe Stokenmatt gegen Asp und das 677 ^{m} hohe Benkerjoch gegen Küttigen. Auch gegen Erlinsbach ist die Möglichkeit des Ueberschreitens der Sahlhofhöhe gegeben. — Da das Gewitter im Thalkessel von Oberhof festgehalten wurde, so konnte im Thale selbst kein erheblicher Wind entstehen und machte sich eine starke Luftbewegung nur an den Stellen des Ueberfliessens nach Süden und Osten bemerkbar.

Es mag hier noch bemerkt werden, dass der Strichen mit 872 ^{m} Meereshöhe in seinen obersten Partien sehr gut bewaldet ist, dass aber die Waldparzellen am Fusse längs der Strasse von Oberhof nach Benken theils aus jungem und theils aus frischgeschlagenem Laubholz bestanden. Auch der Asper Strichen mit 840 m Meereshöhe ist gut bewaldet. Ockert, Sommerhalde und Wasserfluh mögen mit ihren waldigen Abhängen noch das Ihrige zur Brechung der Heftigkeit des Gewitters beigetragen haben.

Vide Beilage I.

8. Das Hagelwetter vom 24. Juli 1876.

Dem 24. Juli 1876 ging anhaltend trockene Witterung voraus. Est gegen Mittag an besagtem Tage standen drohende Gewitterwolken auf. Gegen 1 Uhr Nachmittags brachte ein Nordwind vom Schwarzwald her über Schupfart und östlich am Thiersteinberg vorbei ein Gewitter. Dasselbe stand tief und kam über den kahlen Ostfuss der Bergnase Wittnauer Homberg, den sogenannten Thalrain, längs der südlichen Berglehne des Homberg. Es blitzte und donnerte, ohne indessen erheblich Regen fallen zu lassen und wurde westwärts in's Farnthal hineingetrieben, wo es theils anstand und theils über den Buschberg und das Horn wegzuziehen im Begriffe war. Da gab es auf einmal einen Stillstand. Es entstand ein heftiges Toben und Tosen und das Gewitter kam bedeutend vergrössert wieder zurück, von heftigem Südwestwind getrieben und liess während 10 Minuten eine Menge bis baumnussgrosse Schlossen fallen, welche indessen mit starkem Regen vermischt waren.

Der Hagelschlag begann erst im Farnthal und betraf vorzugsweise die südliche Lehne des Homberges und den nördlichen Theil des Dorfes. Auf dem rechten Bachufer war jedoch der Hagelschlag ganz unbedeutend und soll der Brücklihof so gut wie gar nicht gelitten haben. Der Westwind hat das Gewitter längs dem Abhang des Homberg und dann des Feuerberg getrieben. Bei letzterem verminderte sich jedoch die Intensität ganz erheblich. Der Herr Kreisförster Salathe bemerkt: „es seien die Gewitterwolken an dem gut mit Laubholz bewaldeten Feuerberg angestanden und von diesem Moment an habe der Hagelschlag bedeutend an Intensität verloren. Von hier zog das Gewitter längs dem Kornberg, mehr über den östlichen Theil der Gemeindebanne Gipf und Frick gegen Hornussen.

In Oberfrick war das Gewitter bereits weniger mit Blitz und Donner begleitet als in Wittnau und waren die Schlossen haselnuss- bis wallnussgross.

Aus der ganzen Beschreibung ergiebt sich bereits, dass das Gewitter im Thal sich abgespielt und nicht über die benachbarten Plateaus gereicht hat. In der That hat denn auch die Ebene des Altenberges, Feuerberges und des Kornberges durchaus nicht gelitten.

Am bedeutendsten waren die Verheerungen unterhalb des bewaldeten Theiles des Homberg, Eyhalde genannt und auf dem, zwischen Wittnau und Oberfrick liegenden Terrain.

Mit Ausnahme des hier wenig angebauten Roggens waren noch alle Halmfrüchte auf dem Felde. Am meisten litt jedoch das Korn, dessen Einheimsung gerade beginnen sollte. Die Halme wurden vielfach zerschlagen und die Aehren lagen am Boden, so dass manches Grundstück nicht einmal das darauf verwendete Saatgut zurückgeben konnte. Die andern Halmfrüchte und besonders die Reben litten auch bedeutend. Letztere wurden sogar noch durch das Fortschwemmen der guten Erde beschädigt. An den Obstbäumen ist der Schaden nicht von Belang, da sie so wie so ohne Früchte waren. Im Gemeindebann Wittnau wird der Schaden im Ganzen auf $^2/_3$ des Ertrages geschätzt. Von der Wittnauer Banngrenze bis Oberfrick sind die Verheerungen ebenso beträchtlich, während dem von hier an der Schaden abnimmt.

Wir können hier wiederum constatiren, dass aus einem gewöhnlichen Gewitter ein Hagelwetter entstanden ist, nachdem dasselbe über einem erhitzten Thalkessel durch Gegenwind zum Stehen gebracht und schliesslich sogar zurückgetrieben worden ist. Das Gewitter vom Thalrain her ist längere Zeit über kahle Flächen gestrichen und auch die aus Westen über den Buschberg kommenden Luftmassen sind über grösstentheils kahle Flächen gestrichen, indem das Plateau des Buschberges und Lindberges theils kahl und theils mit ganz vereinzelten jüngeren und älteren, meist sehr lichten Föhrengruppen bewachsen ist. Diese Verhältnisse bestehen indessen schon seit einigen Jahren und ist doch vor 1876 längere Zeit kein Hagelschlag erfolgt.

Wir haben uns bemüht, zu finden, warum gerade in den Jahren 1876 und 1877 Hagelwetter über das Farnthal bei Wittnau gezogen sind und glauben die Erklärung gefunden zu haben. Der schmale Rücken zwischen dem Farnthal und dem Wegenstetterthal senkt sich nämlich südlich vom Thiersteinberg um wohl 10 ^{m}. Während dem letzterer mit alten Tannen bewachsen ist, trägt diese Einsattelung, Fatzentellen genannt, offenes Wiesland und einige Laubhölzniederwäldchen. Der Westhang dieser Einsattelung gegen Wegenstetten trug bis 1870 schlagbare Mittelwaldung, welche von 1870—1873 kahl abgetrieben wurde. Der Osthang mit 30 jährigem Laubholz ist gerade im Winter 1875/76 von der Gemeinde Wittnau kahl abgeholzt worden. Diese Holzschläge der Gemeinden Wegenstetten und Wittnau müssen wir als die Veranlassung der 1876 er und 1877 er Hagelschläge in diesem Thal bezeichnen.

Nimmt man die Höhe des Gewitters zu 700 ^{m} an (das Buschbergplateau hat 680—690 ^{m}), so ergiebt sich bis zum Farnthalfeld mit 440—530 ^{m} Meereshöhe eine Fallhöhe von 170—260 ^{m}, welcher hier wie in früheren Fällen die nussgrossen Schlossen ungefähr entsprechen und bewährt sich auch hier diese bereits bekannte Gesetzmässigkeit.

Um 5 Uhr des gleichen Tages zog von Westen her ein zweites, mit Hagelschlag begleitetes Gewitter. Dasselbe zog jedoch nördlich, am Thiersteinberg vorbei, über jene kahle unbewaldete Höhe von Elsten und Wollberg.

Bei diesem wurden vorzugsweise die Gemeindebänne Gipf, Oberfrick und Frick betroffen. Die Schlossen waren im Allgemeinen kleiner und fielen nicht so massenhaft, wie beim ersten Gewitter. In nördlicher Richtung erstreckte sich der Hagelfall etwas über Frick hinaus. Die Gemeinde Oeschgen blieb aber ganz verschont. Dieses Gewitter hat mehr durch seinen wolkenbruchartigen Regen als durch den Hagelschlag geschadet.

Da die überschrittene Höhe Wollberg nur 570 ^{m} über Meer liegt, so wird das Gewitter wenig über 600 ^{m} gestanden sein und hatte der Hagel daher 100 ^{m} weniger Fall als beim ersten Gewitter, woraus sich das kleinere Korn genugsam erklärt.

Es mag, bevor wir mit unserer Betrachtung das Wittnauer Thal verlassen und dem weiteren Verlauf des Hagelwetters vom 24. Juli 1876 Mittags 1 Uhr folgen, noch bemerkt werden, dass im Jahre 1877 ein schwächeres Hagelwetter von Wegenstetten her über das Farnthal gezogen, dann aber vom Nordwestwind über den Feuerberghof, Ruedisherghof nördlich am Junkholz vorbei gegen das Angerhölzli und Herznach getrieben worden ist. Die

Schlossen auf der Höhe waren kaum haselnussgross und war der Schaden an der Uebergangsstelle einer Schlagfläche im Langägertenwald am Westhang des Feuerberges am grössten.

Es ist noch zu bemerken, dass die vom Hagelwetter überschrittenen Waldpartien tiefe Einhänge mit Laubholzbestockung in 10—25 jährigem Alter waren, welche erfahrungsgemäss nicht viel Einfluss auf entwickelte Hagelwetter ausüben.

Es soll dieses Hagelwetter einen ganz abnormalen Verlauf gehabt und früher nie ein solches vorgekommen sein.

Bemerkenswerth ist noch die Thatsache, dass keines der hier beschriebenen Hagelwetter über den mit Fichten und Weisstannen bewachsenen Thiersteinberg gekommen ist, sondern dass dieselben immer südlich oder nördlich von demselben vorüber kamen.

Das Hagelwetter vom 24. Juli 1876, welches wir bis nach Hornussen verfolgt haben, hat nun dorten keineswegs seine Endschaft erreicht, sondern es breitete sich über die waldlosen Flächen einerseits gegen Nieder- und Ober-Zeihen und andererseits gegen Effingen, Bötzen und Elfingen aus. — Bemerkenswerth ist, dass Nieder-Zeihen sehr wenig gelitten, während dem das benachbarte Ober-Zeihen, wo das Gewitter an den waldigen Höhen anprallte, sehr stark gelitten hat.

Ein Theil des Hagelwetters setzte sich nun durch das Sagenmühlethälchen zwischen dem Wiederegg und dem Bächliwald auf einer mit einigen Föhrenbüschen bestandenen Fläche gegen die kahlen Höhen von Linn fort.

Das Nachbardörfchen Gallenkirch wurde gar nicht betroffen. Der Hagelschlag war gegen letzteres hin scharf abgegrenzt durch zwei ganz kleine Laubholzwäldchen, welche zwischen Linn und Gallenkirch auf der Höhe liegen und welche der Hagel nicht überschritten hat. Ja sogar noch weit östlich hat die isolirte Parzelle schirmartig gewirkt und dem Hagelstrich seine nördliche Grenze gezeichnet. Die südliche Grenze des Striches wurde gebildet durch den bewaldeten Nordfuss des Linnberges gegen die grosse Linde hin. In seinem östlichen Verlauf traf dann das Hagelwetter auf die kahlen Schlagflächen im Grüt der Gemeindewaldung Villnachern und die jungen Culturen dort und im Rädlibrunn, sowie auf die Privatwiesen dortselbst. Dahinter traf es auf die 1—4 jährigen Laubholzschläge der Abtheilung 9 und auf die ungemein gering bestockte Abtheilung 8 mit dem unproductiven Helicitenmergel, auf dem nur Krüppelföhren wachsen. Endlich überschritt es den Kalofen und die Rebgelände des Nessler und richtete dann auf dem Hafen seinen hauptsächlichsten Schaden an. Der nördliche Zweig dieses Hagelwetters, welcher über Effingen ging, folgte tief wie er stand, dem Verlauf des Kästhales bis zur Häusergruppe gleichen Namens. Die Bewohner des alten Staldens auf der Höhe des Bötzberges erzählen, dass sie ganz gut über das Wetter hinweg auf den gegenüberliegenden Bremgarten hätten sehen können. Der alte Stalden liegt 590 m hoch und das Bremgartenplateau hat die Quote 656 m. Es muss also das Gewitter unter 650 m gespielt haben. Die Sohle des Kästhales hat aber 470—500 m. Also kann dasselbe nicht viel über 100 m über der Sohle gestanden haben.

Auf einmal aber kam das Wetter aus der Tiefe herauf, bei jenem von Osten her einmündenden Seitenthälchen bei der Stelli nördlich am alten Stalden. Auf dem Südhange war schon seit mehreren Jahren ein Rebberg angelegt worden und am gegenüberliegenden Nordhang hatte die Gemeinde Effingen in ihrem dortigen Mittelwald schon eine Anzahl Kahlschläge eingelegt. Mit grosser Schnelligkeit bewegte es sich direkt gegen den Hafen ostwärts und theilweise verlief es in rein südlicher Richtung gegen den neuen Stalden, wo es dann erst ostwärts längs der Bötzbergstrasse gegen den Hafen ausbog. Nördlich vom neuen Staldenwirthshaus war der Hagelschlag viel heftiger als südlich von demselben, an dem bereits ordentlich herangewachsenen Wiedackerwald. Der Wiedacker selbst wurde nur an seinem Nordsaum betroffen. Erst auf der weiten kahlen Hochfläche des Hafens vereinigten sich die drei getrennt gewesenen Hagelstriche wieder, um von dort an über Umiken, Brugg und Lauffohr das Zerstörungswerk mit um so besserem Erfolg fortsetzen zu können. Der Herr Kreisförster Koch fand denn auch den Schaden in letzteren Ortschaften bedeutender als auf den Höhen, wo der Sturm das Wetter rasch vorübertrieb. Auf dem Stalden waren die Schlossen blos erbsen- bis haselnussgross.

Der Herr Kreisförster Baldinger in Baden, welcher in Turgi und Siggenthal die erforderlichen Erhebungen machte, schildert das gleiche Hagelwetter folgendermaassen:

„Das Wetter war, so weit es sich von ferne beurtheilen liess, in seinen schwarzen unheilvollen Wolken entstanden nördlich hinter der Gislifluh und trieb, vom Südwestwind gestossen, erst nordwärts über das östliche Frickthal, dann wieder ostwärts, der Aare zu, wo es etwa um 2 Uhr bei Rein eintraf. Hier im Thal der Aare und am Zusammenfluss von dieser mit der Reuss und Limmat wirkte Nord- und Nordostluft, welche nicht allein nur die Wolken aufwärts bis gegen Brugg-Windisch trieb, sondern den Keim der Zerstörung in ihnen zur höchsten Potenz entwickelte. Denn jetzt, durch Südwest von Brugg aus wieder zurückgedrängt, sich mit nachfolgenden weiteren Gewitterwolken, welche das Aarethal heraufkamen, stauend, wurde die ganze graue Masse gegen den Siggenthaler Berg hinübergedrückt, an welchem sie sich stiess und nach schaurigem Tosen ihr Unheil über die dortige Gegend ausleerte. Es waren baumnussgrosse Hagelkörner, welche sich auf der Strasse von Untersiggingen bis zur Höhe von 1 cm häuften. Getreide und Weingelände unten im Thale, auch die Wiesen und Obstgärten sahen ganz entsetzlich aus. Man geht nicht zu weit, wenn man (den Wald abgerechnet, der auf dem Berge noch getroffen wurde) den Schaden für Unter- und Ober-Siggenthal, dann Vogelsang und Turgi nur an der Landwirthschaft auf 200,000 Frcs. schätzt.

Gleichsam leichter geworden, hoben sich hernach die Wolken und liessen sich vom Südwest über den bewaldeten Berg hinüber weiter nordostwärts tragen, ohne im Kanton wieder Hagel fallen zu lassen."

Wir müssen auch hier, um Missverständnisse zu verbüten, hervorheben, dass das Gewitter eine zusammenhängende Masse bildete und nur die einzelnen Hagelstriche durch Zonen mit Regenguss unterbrochen waren.

Hervorgehoben mag noch werden, dass pro 1878 und 1879 kleinere Hagelschläge über das meist schlecht bewaldete Bötzbergplateau die Gemeinden Bötzberg und Remigen getroffen haben, freilich ohne so empfindlichen Schaden zu thun.

Immerhin bestätigt sich auch bei diesen Hagelfällen der bereits früher signalisirte Einfluss der Wälder auf die Hagelstriche.

---

9. Die Hagelschläge in den Thalschaften nordwestlich des Thiersteinberges.

Ueber die allgemeine Lage der Ortschaften Wegenstetten und Schupfart zu den Gewittern, welche das Ergolzthal heraufkommen,

ist bereits weiter oben berichtet und gesagt worden, dass der Südwestwind oft Gewitter von Ormalingen über Hemmikon südöstlich
an der Farnsburg vorbei nach Wegenstetten und Schupfart bringe.
In der That spielt hier der 749 m hohe Berg, auf welchem lange
Jahrhunderte die starke Burg des früheren gewaltthätigen Falken-
steins stand und welcher noch heute Farnsburg heisst, die Rolle
einer Wetterscheide.

Aengstlich blicken im Sommer die Bewohner des Wegenstetter-
und Schupfarterthales nach der Farnsburg hinüber, wenn am westlichen Horizont schwere Gewitterwolken aufsteigen. Von dort aus
wird den Gewittern der Weg gewiesen, entweder nordwestlich
vorbei über Buus, Zuzgen und Mumpf oder südöstlich vorbei über
Hemmikon, Wegenstetten und Schupfart oder gar über den Buschberg nach Wittnau. So entscheidet sich an der gut bewaldeten
hohen Farnsburg das Schicksal des Wetters, wie seiner Zeit bis
zum Jahre 1799 der Basler Landvogt im Farnsburger Schloss die
Geschicke seiner Unterthanen in der Hand hielt.

Die Gewitter nun, welche nordwestlich an der Farnsburg vorbeikommen, treffen beim Dornhof auf eine kahle Hochfläche mit
schwach bewaldetem Nordostabhang und werden oft für die Thalschaft sehr gefährlich. Aber auch diejenigen Gewitter, welcho südöstlich an der Farnsburg vorbeikommen, sind gefährlich. Nach
Aussage von Bewohnern von Wegenstetten kommen die schweren
Gewitter in der Regel in der Richtung von Hemmikon von der
Farnsburg her, überschreiten die kahle Höhe Holt und Efermatt
und ziehen gegen Wegenstetten, sich am Thiersteinberg stossend
oder denselben auf Buschberg überschreitend. Oft aber umgehen
sie den Thiersteinberg nördlich und entladen sich gegen Gipf,
Frick und Wittnau.

Es könne auch vorkommen, dass Gewitter in fast umgekehrter
Richtung über den Asphof gegen Rothenfluh und Anwyl sich bewegen, wenn nämlich der Nordwestwind die Oberhand habe.

So wurden die Gemeinde Schupfart und ein Theil von Wegenstetten am Frohnleichnamstag 1870 Nachmittags von einem starken,
aus Südwesten kommenden Gewitter mit Hagelschlag betroffen. Der
Hagel fiel dicht in haselnussgrossen Schlossen etwa $\frac{1}{4}$ Stunde
lang und verursachte bedeutenden Schaden. Derselbe überschritt
aber in östlicher Richtung die Gemeindemarchen von Schupfart
nicht.

Am 21. August 1874 wurden die Gemeindebänne Zuzgen, Hellikon und Schupfart von einem starken Hagelwetter geschädigt. Dasselbe kam Nachmittags 5 Uhr von der basellandschaftlichen Grenze her über das Plateau von Buus. Ueber die voraus gegangenen Witterungserscheinungen konnte nur gesagt werden, dass es schöne Sommertage gewesen seien und dass im Thal damals leichter Wind aus Nordwest geherrscht habe. Das Gewitter wurde wie gewöhnlich durch heftige Windstösse eingeleitet. Die Schlossen fielen etwa 10 Minuten lang mit Regen gemischt und waren etwas kleiner als Haselnüsse. — Der Schaden war an den Reben von grossem Belang, weniger am Getreide, das grösstentheils eingeheimst war.

Vom waldlosen Plateau des Dornhof aus zogen die Hagel bildenden Wolken über das ziemlich schmale Hellikoner Thal, welches nordöstlich vom Hang des Wagenberges begrenzt ist. Der obere Theil dieses Hanges ist mit Mittelwald bestockt. Der Rücken des Berges liegt circa 130 ^{m} über der Thalsohle. Er ist ein ebenes, ausgedehntes, als Culturland benutztes Plateau, welches der Fortpflanzung der Hagelwetter sehr günstig ist. Ueber dieses Plateau zog denn auch das Hagelwetter in einem mehrere hundert Meter breiten Strich gen Schupfart und über das Dorf hinaus bis an die Höhen von Ellsten und Schönbühl 625 ^{m} hoch, wo der Hagelschlag aufhörte.

Das Plateau des Dornhofes hat die Quote 580 ^{m} und der Wagenberg hat die Höhe 560 ^{m}. Es wird daher das Gewitter nicht viel über 630 ^{m} gestanden haben, weshalb es denn die Höhe von Schönbühl nicht mehr überschreiten konnte.

Die Ortschaften zu unterst im Wegenstetter Thal, Zeiningen und Möhlin sind durch die schönen Waldungen am Sonnenberg südwestlich vor Hagelschlag geschützt und ist dieser Niederschlag dorten eine ausserordentlich seltene Erscheinung.

Zeiningen hat ganz leichte Hagelschläge aus der kahlen Einsattelung von Maisprach her gehabt, gegen welche indessen der gut bewaldete kleine Sonnenberg einige Deckung giebt.

---

10. Die Hagelschläge im unteren aargauischen Rheinthal.

Wenn man die Bewohner des Rheinthales von Laufenburg bis Augst frägt, woher die Gewitter kommen, so erhält man die Antwort:

Die meisten Gewitter kommen von Basel durch's Rheinthal hinauf. Sie sind aber in der Regel nicht gefährlich. Die gefährlichen Gewitter kommen aus Nordost oder Nordwest von den Schwarzwaldbergen herunter oder auch aus Südwest über Ausläufer des Jura herab.

In der That ist uns noch kein Fall bekannt, wo ein Hagelwetter durch das offene Rheinthal daher gekommen wäre, dessen Ursprung nicht irgend einer Höhenüberschreitung zuzuschreiben wäre. Es sind aus dieser Gegend glücklicherweise wenig bedeutende Hagelwetter aus dem Jahrzehnt 1870—1880 zu melden, immerhin sind zwei Hagelfälle sehr charakteristisch und sind überhaupt die hier obwaltenden Verhältnisse von Interesse.

Der Herr Kreisförster Salathe schreibt:

„Im Jahre 1873 wurde die Gemeinde Kaiseraugst und der untere Theil des Gemeindebannes Rheinfelden zweimal mit Hagelschlag heimgesucht. Da beide Gewitter den gleichen Verlauf hatten, so ist es nicht nöthig, sie im Bericht zu trennen.

Das erste Hagelwetter fällt auf den 14. Juli 1873, welcher Tag auch für das Freiamt so verhängnissvoll geworden ist und das zweite fällt auf den 28. August, den gleichen Tag, an welchem in Wölflinswyl und Oberhof ein Hagelwetter niederging.

Beide gingen über den Wartenberg bei Muttenz und dann das Rheinthal hinauf. Der Hagelschlag traf die Gemeinden Pratteln, Giebenach, Kaiseraugst, Warmbach und zum Theil Rheinfelden. An beiden Tagen soll das Wetter vorher schön gewesen sein, mit schwachem Wind von Südwest. Wenn die Angaben nicht etwas übertrieben sind, so sollen während einer Stunde Hagelkörner bis zur Grösse eines Hühnereies gefallen sein. Vom Wartenberg zogen die Gewitter über die, im Rheinthal liegende Hardwaldung (Laubholzmittelwald) und das offene Land daselbst. Sodann überzogen sie das in die Ebene eingeschnittene Thälchen der Ergolz, dessen Hänge von kleinen Laubholzparzellen bedeckt sind und von da das ähnliche Thal des Violenbaches, in welchem Giebenach liegt. Die auf einem flachen, von mehreren Mulden und Schluchten durchschnittenen Bergrücken liegenden Augster und Giebenacher Laubwaldungen wurden ebenfalls betroffen, ebenso das Hard- und Weiherfeld, auf welchem kleinere Laubholzparzellen liegen. Der Schaden war besonders auch an den Reben und an den Halmfrüchten bedeutend.

Die amtliche Abschätzung des Schadens ergab nur im Kanton Aargau 17,169 Frcs., nämlich

in Kaiseraugst	4600 Frcs.
- Rheinfelden	11354 -
- Olsberg	1215 -
Summa	17169 Frcs.

Der Schaden in Baselland und im Grossherzogthum Baden ist wohl mehr als doppelt so gross.

In Kaiseraugst und anderwärts hörte ich die Ansicht äussern, dieser, in kurzer Zeit sich wiederholende Hagelschlag sei der kahlen Abholzung des Wartenberges zuzuschreiben, die vorher stattgefunden habe. Hierfür spricht auch die Thatsache, dass, wenn diese Gegend früher auch Hagelschaden zu erleiden hatte, doch zwei Hagelwetter in einem Sommer vor der Abholzung des Wartenberges nicht vorgekommen sind."

Wir haben uns nun die Verhältnisse des Wartenberges bei Muttenz etwas näher angesehen und bitten in erster Linie, einen Blick auf die Karte im $^1/_{25000}$ zu thun, welche der Kosten halber hier nicht angefügt werden konnte. Der Wartenberg im weiteren Sinne ist eine vom Gempenplateau in nordwestlicher Richtung gegen das Rheinthal sich abzweigende lang gestreckte Bergmasse, die sich aus der Rheinthalsohle von 287 ᵐ Meereshöhe auf 454 ᵐ erhebt. Auf deren nordwestlichem Ende sitzt als mächtiger Queriegel auf, der eigentliche Wartenberg mit seinen Ruinen in waldigem Grün und seinen Rehbergen am südwestlichen Fusse. Er erhebt sich auf 481 ᵐ Meereshöhe. Das Plateau des übrigen Theils des Wartenberges und sein Südhang sind ehemals bewaldet gewesen, aber von der Gemeinde Muttenz schon seit langen Jahren urbarisirt worden. Blos der Nordhang und der Plateaurand sind mit 8jähriger Laubholzmittelwaldung bewachsen und waren diese somit im Jahre 1873 gerade kahl. Südlich von diesem Wartenberg liegt der Thalkessel des Muttenzerbaches, der in mehreren Armen vom Gempenplateau und seinen Nordhängen herabkommt. Die Thalsohle hat die Quote 323 ᵐ und wird bis weit an den Abhängen hinauf von Mattland bedeckt.

Zwischen diesem Bachthal und dem Birsthal bei Mönchenstein senkt sich ein Ausläufer des Gempenplateaus von der Höhe von 614 ᵐ zuerst steil zur Höhe des Grüth von 412 ᵐ und dann sehr allmählig zum Rütihard mit 355 ᵐ westlich von Muttenz hinab.

Von Mönchenstein zieht sich östlich eine breite Wiesen- und Rebenfläche über die Höhe hinauf bis zum grossen Gefällsbruch im Grüth. Dort trennt eine schmale Buchenwaldpartie dieses Land von den Wiesengründen des Muttenzerbachthales. Diese schmale Waldpartie zieht sich nordwestlich fort über das Rütihard hinunter, einen Theil des Plateaus und der Südwest- und der Nordwesthänge bekleidend. Sie ist sehr wichtig, indem die Wetter von Mönchenstein und der kahlen Bruderholzhöhe her, dort an der steilen Bergnase von 614 m Höhe vorbei über den Muttenzerbach und den Wartenberg kommen.

Der 86 jährige, noch sehr rüstige Niclaus Ramstein von Muttenz und viele andere Leute sagen nun aus, dass jener Wald auf der Höhe gegen Mönchenstein in den Jahren 1848—1850 abgetrieben worden sei und dass im Jahre 1852 Muttenz und der Wartenberg vom Hagelschlag und von Wassergüssen über jene Stelle her zu leiden gehabt habe, wie seit Menschengedenken noch nie. Die Hagelschläge von 1873 und schwächere früher oder später seien alle von Mönchenstein hergekommen, hätten in den Reben und auf dem Lande am Wartenberg ganz wenig geschadet, sondern wären erst im Rheinthal bei Pratteln recht schädlich aufgetreten. Das Wetter wäre am Wald des höheren Wartenberg angestanden und hätte nur über den kahlen niedrigeren Theil Abzug in's Rheinthal gefunden. Wir sehen also hier wieder, dass die Wetter nur dann sehr gefährlich sind, wenn sie über kahle oder schwach bewaldete Höhen ziehen, über das Rheinthal zu stehen kommen und dort vom Nordwestwind abgelenkt werden. Schlagend sind auch hier die Beweise für die Entstehung von Hagelschlägen in Folge von Abholzungen auf den Höhen des Grüth und Wartenberges.

Nimmt man die Gewitterhöhe zu 490 m oder der Höhe des eigentlichen Wartenberggipfels sammt der Laubholzbewaldungen, so ergiebt sich eine Fallhöhe der Schlossen von 200 m, welche mindestens nussgrossem Korn entspricht. Die Angabe der Hühnereigrösse scheint auf irgend welcher Uebertreibung zu beruhen, welche bei Erzählung von solchen Vorkommnissen leicht unterläuft.

---

11. Der hohe Halmet bei Magden und die gesegnete Eiche.

In östlicher Richtung ist das Quellengebiet des Violenbaches, welcher bei Augst in den Rhein mündet, von dem grossen Thalkessel von Magden und seinem Bachgebiet getrennt durch den 606 ᵐ hohen Halmet und seine nördlichen Ausläufer. Der Gipfel und der obere Theil der Abhänge des ziemlich freistehenden Berges sind mit Laubholzmittelwald bestockt, der früher ziemlich regelmässig alle 25—30 Jahre abgetrieben wurde. Im Jahre 1728 sei nun, so erzählen alte Leute in Magden, der grösste Theil der Halmethöhe kahl abgetrieben worden und in den Jahren 1730 bis 1736 habe es dann alle Jahre gehagelt. In den Jahren 1731 und 1735 habe es so gehagelt, dass die Gegend ausgesehen habe wie im Winter. Im Jahre 1736 habe der Herr Pfarrer Harbert bei der Pfarrgemeinde den Antrag gestellt, man möchte auf der Halmethöhe einen Baum bestimmen, den er dann einsegnen werde, um vor Hochgewittern verschont zu bleiben. Man habe dann eine 40—50jährige Eiche auf der Halmethöhe bestimmt und sei am 2. Juli 1736 in Prozession hinaufgezogen. Dann seien drei Kreuze in die Rinde der Eiche eingehauen und selbige mit gesegneten und wohlriechenden Kräutern ausgelegt und der ganze Baum eingesegnet worden. Von diesem Tage an sei man alljährlich in Prozession auf den 2. Juli hinaufgezogen und es hätten in der That die Hagelschläge nachgelassen. Später habe man die Prozession auf den 29. Juni in die Pfarrkirche Olsberg verlegt und seit 10 Jahren finde sie nur noch in der eigenen Kirche statt.

Im Jahre 1748 habe man wieder den grössten Theil der Halmethöhe abgetrieben und am 14. August sei dann ein Gewitter über die Halmethöhe gekommen, das eine solche Masse Wasser habe fallen lassen, dass der Bach 12—16 Fuss gestiegen sei, fünf Häuser weggerissen worden und 48 Menschen um's Leben gekommen seien.

Heute noch stehet die gesegnete Eiche in voller Pracht auf der Halmethöhe. Sie hat eine Stammdicke von 1 ᵐ und sind daran die drei Kreuze noch sehr deutlich zu erkennen. Auf der westlichen Hälfte der Kuppe steht aber noch ein circa 80—100jähriger Buchenbestand, in welchem seit einigen Jahren ein Besamungsschlag eingelegt ist. Die östliche Hälfte trägt einen circa 20jährigen Mittelwaldbestand. Es ist also schon seit Ende des vorigen Jahrhunderts kein Kahlschlag mehr auf der ganzen Höhe geführt worden und wird auch inskünftig, nach den Vorschriften des genehmigten Wirthschaftsplanes, jeweilen nur die halbe Hochfläche nach stattgehabter natürlicher Verjüngung dann geschlagen, wenn die andere Hälfte einen mittelalten Bestand trägt. Wer seit dem Bestehen der gesegneten Eiche eine Modifikation in der Hiebsführung auf dem Halmet hat eintreten lassen, das wissen wir nicht. Wahrscheinlich sind aber jene höchst zweckmässigen Hiebsanordnungen nicht durch Zufall entstanden, sondern sie werden wohl durch die gesegnete Eiche mit dem Pfarrhof in Verbindung stehen. Sei dem übrigens wie ihm wolle. Thatsache ist, dass Magden seit langer Zeit keine schweren Wetter mehr gehabt hat.

C. Zusammenstellung der Beobachtungs-Resultate.

Die Untersuchung und Darstellung von über zwanzig Hagelschlägen, von welchen unser Kantonsgebiet im abgewichenen Jahrzehnt heimgesucht worden ist, gestattet uns, die erhaltenen Resultate folgendermaassen zu resümiren:

1. Die Häufigkeit der Hagelschläge steht im südlichen Kantonstheil, dem Molasseland, in umgekehrtem Verhältniss zur Stärke der Bewaldung. Der fünfte Forstkreis, Bezirk Zofingen ganz, Aarau und Kulm zum Theil, mit 40 pCt. Waldung, weist zwei Hagelschläge auf; der vierte Kreis, Bezirk Lenzburg ganz, Aarau, Kulm und Brugg zum Theil mit 32 pCt. Waldung weist sechs und der sechste Forstkreis, Bezirke Bremgarten und Muri mit 19 pCt. Waldung weist zehn Hagelschläge auf.

Ueberdies ist hervorzuheben, dass die zwei einzigen Hagelschläge des fünften Kreises, der in seinen Wäldern 63 pCt. Nadelholz und 37 pCt. Laubholz aufweist, sehr eng begrenzt und nur über drei bis vier Gemeinden ausgedehnt waren, während dem unter den zehn Hagelschlägen des sechsten Kreises zwei solcher waren, die ganz erschreckliche Dimensionen hatten und zusammen gegen zwei Millionen Francs schadeten.

Im nördlichen Kantonstheil, dem Plateau-Jura, bewegten sich die Hagelschläge ausschliesslich auf den schlecht bewaldeten Zonen des Muschelkalkes, Lias und Keuper, des unteren weissen Jura und der Juranagelfluh. Hagelfrei waren die Ortschaften, welche zwischen gut bewaldeten Höhen liegen.

2. Die Hagelwetter sind eine lokale Erscheinungsform von, oft weit verbreiteten Gewittern, die sich durch ausserordentliche Heftigkeit sowohl der elektrischen Entladungen als des Sturmes und des Niederschlages an Schlossen und Regen auszeichnet. Sie kommen meistens aus Südwesten, Westen bis Nordwesten.

3. Sie entstehen nicht in freier Ebene, sondern nur dann, wenn nach einer längeren Reihe heisser Tage Gewitterwolken über kahle oder schlecht bewaldete Hochflächen streichen und, unter der Einwirkung von Gegen- oder Seitenwind, über tiefen, wohl angebauten, erhitzten Thalgründen zum Stehen gebracht werden.

4. Niemals entsteht ein Hagelwetter aus Gewittern, die über hochgelegene, geschlossene Tannenwaldungen gestrichen sind. Im Gegentheil, das Hagelwetter vom 28. Juli 1872 hat aufgehört, Schlossen zu entsenden, nachdem es über den Tannwald Lenzhard gestrichen war und der Hagel hat erst wieder begonnen, nachdem die nöthigen Bedingungen Ziffer 3 neuerdings erfüllt wurden. Die meisten übrigen Hagelwetter haben an gut geschlossenen, älteren Waldbeständen ihr Ende erreicht.

Viele Beispiele liegen vor, wo einzelne gut bewaldete Anhöhen die Hagelwetter gespalten oder abgelenkt haben, wie z. B. der Staufberg das Hagelwetter vom 16. Juli 1874 gespalten und der Reidener Bergkopf dasjenige vom 10. Juli 1874 rechtwinklig abgelenkt hat. Aber es genügen auch einzelne ältere Holzbestände in der Ebene, besonders aber auf Bergsätteln, die vom Gewitter überschritten werden, um dieselben abzulenken oder zu spalten; so das Gewitter vom 28. Juli 1872, welches durch das Bünzthal gegen Othmarsingen hinaufzog und am alten Othmarsinger Tannwald gespalten wurde; so das Gewitter vom 24. Juli 1876 bei seinem Ueberschreiten des Bötzberges etc.

5. Die sogenannten Hagelstriche beginnen einige hundert Meter nach der Lokalität, wo die sub 3 angeführten Bedingungen sich fanden in der Richtung des herrschenden Windes. Ihre Breite entspricht ungefähr der Breite der Uebergangsstelle des Gewitters, soweit sie unbewaldet war. Die bewaldeten Uebergangsstellen veranlassen die Regenstriche, welche die Hagelstriche in der Regel begleiten. Die Breite der Hagelstriche entspricht nur *ungefähr*

der Waldlücke, weil die Geschwindigkeit der Luftbewegung beim Ueberschreiten der Höhen und beim Passiren der Waldlücken in der Regel grösser ist als beim weiteren Verlauf und daher eine Verbreiterung des Striches eintreten muss. Die schmalsten Lücken und dem entsprechend die schmalsten Striche finden sich auf dem Lindenberg bei Geltwyl und bei Klein-Dietwyl. Die breitesten Lücken resp. Uebergangsstellen dagegen kamen vor bei Sarmenstorf und bei Dintiken und haben die betreffenden Hagelwetter auch am meisten geschadet. Uebrigens ist auch die Bodenoberfläche vom grössten Einfluss auf die Form des Hagelstriches.

6. Junge Laubholzniederwaldungen mit ungleicher Bestockung reichen auch auf den Höhen nicht aus, ein bereits entwickeltes Hagelwetter abzuhalten. Fast bei jedem Hagelschlag kommen in seinem Verlaufe Ueberschreitungen von schlecht bestockten und jungen Laubholzniederwaldungen vor. Dagegen erweisen sich schmale Tannenwälder schon als treffliche Barrièren.

Die 100 m breite Klein-Dietwyler-Tannenwaldung hat das Hagelwetter völlig aufgehalten und selbigem nur auf Lücken Durchlass gestattet. Das zur Abhaltung von Hagelwettern ausreichende Minimalalter von Tannenwaldungen konnte nicht mit Sicherheit ermittelt werden. Es wird wohl die Hochlage auch mit von wesentlichem Einfluss sein. Bei sehr hohen Lagen, wie auf dem Lindenberg, dem Heitersberg und dem Jura, scheint eine 10—20jährige, geschlossene Fichten- und Tannencultur schon genügend Schutz zu bieten. Vor eingetretenem, völligem Bestandesschluss ist jedoch nicht auf Schutz zu rechnen.

Hochgelegene Mittelwaldungen mit vielen Oberständern und reichlichem Stockausschlag scheinen schon nach 5—6 Jahren Schutz *gegen die Entstehung von Hagelwettern zu bieten.* Wenigstens wiederholten sich Hagelwetter über abgeholzte Stellen selten sieben Jahre nach der Abholzung und scheint der Einfluss junger Laubwaldungen auf die Entstehung viel stärker zu sein als auf den Verlauf bereits gebildeter Hagelwetter. Uebrigens scheint die Heftigkeit des Gewitters geradezu proportional zu sein der Vollständigkeit der Bewaldung auf der entscheidenden Hochlage. Diejenigen Gewitter bringen den dichtesten Hagelfall, welche über hochgelegene, ganz unbewaldete Flächen streichen. Bereits ziemlich mit Regen gemischt sind die Hagelschläge, die über mangelhaft bewaldete Flächen kommen wie z. B. das Hagelwetter vom Jahre 1872 über die Rebenfluh.

Interessant sind die Fälle endlich noch, wo ein im Thal sich abspielendes Hagelwetter über eine Schlagfläche der Thalwandung hinaufgleitete und sich oben auf dem Plateau weiter entwickelte wie am 24. Juli 1876 auf dem Bötzberg und in den Jahren 1824 und 1845 auf Habsburg.

Ebenso interessante seitliche Fortpflanzungen von Hagelschlägen über Holzschläge oder Waldlücken finden sich beim Hagelwetter vom 10. Juli 1874 oberhalb Zofingen in's Riedthal und 1872 über den Tannwaldschlag nach Hausen.

7. Die Hagelwetter entstehen meist in Thalkesseln oder an Abhängen in einer Höhe über dem Boden, welche nahezu der Höhe der überschrittenen Barrière gleichkommt. Sie bleiben im Thal in der Regel lokalisirt und folgen seinem Verlauf in der herrschenden Windrichtung, indem sie sich beträchtlich senken. Dies gilt namentlich von den Gewittern im Freiamt.

8. Die Schlossen entstehen aus Graupelkörnern bei ihrem freien Fall durch die in Abkühlung und Condensation begriffenen, unteren dampfhaltigen Luftschichten. Ihre Grösse ist ungefähr proportional der Fallhöhe. Höher gelegene Lokalitäten weisen kleinere Schlossen, tiefer gelegene weisen grössere Schlossen auf. Auf hohen Bergen wie auf dem Lindenberg kennt man nur Graupelfälle oder Hagelschläge mit sehr kleinen Schlossen. Die grössten Schlossen weisen tiefe Thäler mit hohen Seitenwänden auf. Am häufigsten sind haselnussgrosse Schlossen und entspricht dieser Grösse eine Fallhöhe von circa 100 ^{m}. Weniger häufig sind baumnussgrosse Schlossen, welchen eine Fallhöhe bis 200 ^{m} entspricht. Selten sind in unserm Kanton Hagelschläge mit hühnereigrossen Schlossen. Solche ergaben sich bei dem Hagelwetter vom Jahre 1865 in Reinach und beim Hagelwetter vom 28. August 1873 in Wölflinswyl, wo jeweilen die Fallhöhe über 200 ^{m} betrug. Die grossen Schlossen verlieren die kugelige Form, indem sich die neuen Schichten ungleichartig, meist vorne, wo sich beim Fallen der grösste Luftdruck erzeugt, ansetzen. So entsteht oft eine apfel- oder pilzförmige Gestalt.

9. Am heftigsten ist der den Hagelschlag begleitende Sturm in den Fällen, wo das Gewitter vom hohen Gebirgskamm her in's Thal geht, wie bei den Gewittern vom Lindenberg und vom Jura her. Es findet dann ein förmliches Zubodendrücken der Bäume und Culturen statt durch die herabstürzenden kalten Luftmassen und ist der Sturmschaden oft von fast ebenso grossem Belang wie der eigentliche Hagelschaden.

Weniger heftig ist der Sturm im übrigen Hügelland und im Plateau-Jura.

Ueber die Häufigkeit und Heftigkeit der elektrischen Erscheinungen bei den Hagelwettern fehlen uns einstweilen noch vergleichende Anhaltspunkte. Immerhin sind diese Erscheinungen stete Begleiter des Hagelfalles.

IV. Kapitel.

Theorie der Hagelbildung.

a. Mittheilungen verschiedener Gelehrten über Hagelschläge.

Es möchte scheinen, dass der Versuch einer Erklärung der
Hagelbildung und der den Hagelschlag begleitenden Erscheinungen
auf Grund der Beobachtungen in dem relativ beschränkten Gebiet
unseres Kantons Aargau mindestens verfrüht sei und dass Beobachtungen aus anderen Gegenden und die Urtheile competenterer
Fachmänner abgewartet werden müssten.

Wir haben uns in der That der Begründetheit einer solchen
Betrachtung nicht ganz verschliessen können und haben nach
Zusammenstellung unserer aargauischen Beobachtungs-Resultate
uns bemüht, zu untersuchen, ob denn nicht schon namhaftes
Beobachtungsaterial aus anderen Staaten und von anerkannten
Gelehrten vorllege. Wir waren so glücklich in der Literatur,
freilich weniger in der forstlichen, eine Anzahl von Notizen zu
finden, welche so trefflich mit unseren Beobachtungen überein-
stimmen, obwohl sie lange nicht so vollständig sind, dass wir
uns nur aufrichtig freuen konnten. —

Es sei uns vergönnt, hier das Wesentlichste mitzutheilen.

Wichtig ist besonders die konstatirte Thatsache, dass der
Hagel auf höheren Bergen immer mehr zurücktritt, während Graupeln noch häufig vorkommen. Die Beobachtungen Scheuchzers und
vieler anderen Physiker bestätigen dieses. Saussure (Voyages dans
les Alpes) rechnet, dass unter zwölf Hagelfällen auf dem Col du
Géant eilfmal Graupeln fielen. Auch Alexander von Humboldt
(Voyages III) hält das Vorkommen von Graupeln auf hohen Bergen
in den Tropen für wahrscheinlich, selbst in Breiten, wo man den
Hagel sonst nicht kennt.

Herr eidgenössischer Forstinspektor Coaz theilte mit, dass man im Kanton Graubünden auf den Bergen sehr selten Hagelfälle, sondern nur hier und da Graupelwetter habe. C. Waehner sagt in seiner gekrönten Preisschrift: „Historisch-kritische Uebersicht über die Hageltheorien," Rotterdam 1876 auf Seite 16: Eine zur Prüfung der Hageltheorien wichtige Thatsache ist ferner die, dass der Hagel sich mehr, als es meistens die andern Niederschläge thun, nur über eng begrenzte Räume ausbreitet, dass die Hagelwetter durchaus lokale Phänomene sind. Wir unterscheiden die Ausdehnung in die Breite und in die Länge. Die Ausdehnung in die Breite ist meistentheils gering, doch im Mittel nicht so gering, wie es Muschenbroek's Ansicht war, nämlich nur einige hundert Ellen. Seite 21 wird weiter gesagt: „Dieses merkwürdige Zusammentreffen von hoher Temperatur und grosser Eisbildung am Hagel äussert sich weiter auch dahin, dass Jahre, in denen die Wärme besonders bemerkbar und die Fruchtbarkeit am grössten ist, am meisten von Hagelwettern heimgesucht werden. An diese Thatsache reiht sich dann die andere, dass die höhere oder niedere Breite und die tiefere oder höhere Lage zum Meeresspiegel bedeutende, günstige oder ungünstige Dispositionen zum Hagelfall bilden, nicht allein rücksichtlich seiner Häufigkeit, sondern auch des Ueberwiegens der einen Hagelart oder, was dasselbe scheint, der bedeutenderen oder geringeren Grösse des Hagels.

Alexander von Humboldt ist der Ansicht, dass der Hagel überhaupt nur bis zu einer Höhe von wenig mehr als 500^{m} über Meer vorkomme. Je höher wir uns vom Meeresspiegel erheben, desto kleinere Dimensionen zeigt der Hagel.

„Saussure (Voyages IV. 162) will beobachtet haben, dass der Hagel in gewisser Entfernung von hohen Bergen in den Ebenen am häufigsten ist, häufiger als in grösseren oder kleineren Entfernungen von jenen." Wie trefflich stimmt diese Beobachtung zu unseren Resultaten!

In Polen findet man Hagel am Fusse der Karpathen häufiger als in der Ebene (Wesselowski. „Du climat de la Russie"). Scheuchzer fand, dass in manchen Thälern, welche von Ost nach West ziehen, wie z. B. das Wallis, oft in zwanzig Jahren kein Hagel falle.

Leopold von Buch beobachtete eine artige Parallele zwischen dem Vorkommen des Hagels und dem der Cretins und der Kröpfe. Wo es nämlich Cretins giebt, soll es nie hageln, wie im dumpf-

warmen Thale von Aosta und im glühenden Wallis. Ferner soll
es da, wo Kröpfe entstehen, selten hageln, so in Villeneuve und
Vevey und im Unter-Engadin. „Niemand wird glauben," fügt
L. v. Buch hinzu, „dass Cretins und Kröpfe durch eine Art von
Antipathie den Hagel vertreiben, oder dass durch fallenden Hagel
Cretins und Kröpfe zerstört werden." Von Buch und Saussure be-
merkten ferner, dass Thäler, wenn sie aus den Bergen, zwischen
welchen sie eingeengt waren, hervortreten und sich frei ausbreiten,
besonders von Hagelwettern heimgesucht werden. So hat Borgo-
franco am Ausgang des Aostathales fast in jedem Jahre von starken Hagelwettern zu leiden, ebenso Ivrea.

In den Aemtern Mendrisio und Lugano am Südabfall der
Alpen wird sogar beim Verkauf und Verpachten von Gütern der
Preis in der Voraussetzung bestimmt, dass jährlich der zehnte
Theil aller Feldprodukte vom Hagel zerstört werde. (Scheuchzer
Naturhistorie des Schweizerlandes III. 20).

Schübler (Schweigg. Journ. N. F. XIV 229) bemerkt, dass
im Württembergischen die Anfangspunkte für die Schlossenbildung
nicht sowohl Landflächen oder unbebaute Stellen, als vielmehr die
wärmsten, meist mit Getreide und Wein bebauten Thäler und
Bergabhänge seien — Ferner ist durch die Statistik in diesem
Lande nachgewiesen, dass die Hagelschläge in gut bewaldeten
Gegenden seltener sind als in schlecht bewaldeten und dass bei Nadelwaldungen die Gegend eher verschont wird als bei Laubwaldungen. —

Auch Leopold von Buch hat den Einfluss der Wälder auf die
Hagelwetter nachgewiesen; besonders aber ist dies von dem berühmten französischen Physiker *Becquerel* für verschiedene französische Departements geschehen.

In der Sitzung vom Montag den 13. November 1865 hat
dieser Gelehrte der Akademie der Wissenschaften in Paris eine
Denkschrift mit Karte über die Hagelwetter in den Departements
Loiret und Loir-et-Cher vorgelegt.

Den „Comptes rendus" LXI Seite 813 kann man folgendes
entnehmen:

Becquerel sagt: Schon im Jahre 1826 habe der Graf Tristan
eine Karte des Loiret publizirt, auf welcher die Flächen umschrieben
gewesen seien, welche von 26 Hagelwettern betroffen worden sind.
Schon auf dieser Karte könne man einige der Resultate erkennen,
von welchen später die Rede sein werde, obwohl bereits ein arges

Durcheinander sich zeige. Allein diese Karte erfülle ebensowenig den Zweck, den er sich gesetzt habe, als diejenige des Herrn M. Parant von Montargis, auf welcher nur die meist betroffenen Stellen notirt seien. Er habe sich nämlich vorgenommen, die gewöhnliche Richtung der Gewitter in Bezug auf Configuration und Natur des Bodens zu verzeichnen und dabei die Hagelgefahr für jede Lokalität zu prüfen. Zu diesem Zwecke habe er aus den jährlichen Berichten der Hagelversicherungs-Gesellschaften, zusammen 18 Jahrgänge, in welchen die beschädigten Gemeinden verzeichnet seien, jeweilen die Hauptorte mit Farbe verzeichnet und zwar verschieden nach vier Categorien der Hagelhäufigkeit.

Indem man die Orte mit gleicher Häufigkeit durch einen farbigen Strich verbinde, erhalte man die mittlere Richtung der Gewitter.

Die Prüfung der Karte ergebe nun, dass man zweierlei Hagelwetter unterscheiden müsse, nämlich regelmässige und unregelmässige Hagelwetter. Die ersteren scheinen periodisch wiederzukehren, während dem die letzteren nur je nach langen Zeiträumen wiederkehren, äusserst schädlich seien und oft in gleicher Weise die Orte mit Hagelhäufigkeit und diejenigen mit Hagelseltenheit verheeren. Auf der Karte des Loiret bemerkt man verschiedene Systeme regelmässiger Hagelschläge, aus denen sich folgende wichtige Thatsachen ergeben: Das erste System ist dasjenige des Loirethales. Die Linien folgen demselben von Mer und Seris bis Briare.

Das zweite System gehört dem Osten und dem Nordosten des Departements an. Es setzt sich zusammen aus drei Zweigen; der erste geht von Ouzouer-le-Marché, der zweite von Prénouvellon und der dritte von Nottonville aus. Der erste Zweig weicht dem Walde von Orleans aus; die beiden andern bilden ein Netz im Norden von Pithiviers und weichen diesem Walde gleichfalls aus. Dieser scheint die Kantone Lorris und Bellegarde zu schützen. Wir bemerken hier im Vorbeigehen, dass die Beauce, welche heut zu Tage vom Hagel verheert wird, ehemals gut bewaldet war und einen Theil des berühmten Waldes „des Carnutes" war, in welchem die Druiden ihre Mysterien celebrirten.

Es ergiebt sich hieraus, dass, besonders die regelmässigen Hagelwetter, die Flussläufe aufsuchen und den Wäldern ausweichen. So haben z. B. der Cher und die Sauldre ihre Hagelstriche ebenso wie andere Flüsse. Die Wälder von Marchenoir und von Bou-

logne scheinen dagegen verschont zu werden. Becquerel miasst den
Einfluss der Wälder zweierlei Ursachen bei.

1. Machen sie für die Fortbewegung der Luftmassen, welche
die Wolken enthalten, ein mechanisches Hinderniss und lassen auf
den Zwischenräumen einen leichteren Abfluss, stauen dagegen auf
ihrer Front und bewirken einen stärkeren Niederschlag.

2. Wenn man die Theorie von Volta annimmt, nach welcher
die Elektricität bei der Hagelbildung mitwirkt, so entziehen die
Waldbäume den Wolken Elektrizität und letztere hören auf, ge-
witterschwanger zu sein. —

Den Einfluss der Wasserläufe führt Becquerel ebenfalls auf
zwei Ursachen zurück, nämlich: 1) lokale Luftströmungen, welche
die Wolken mit sich in die Thäler reissen und 2) starke Verdunstung in den wasserreichen Tieflagen, aus welchen die Dünste
in die Höhe steigen, sich dann condensiren und so die Gewitterwolken bilden und vermehren helfen.

In der Sitzung der Akademie der Wissenschaften vom
12. Februar 1866 berichtet der gleiche Gelehrte neuerdings über
die Hagelzonen im Departement Seine-et-Marne, welches nordöstlich an dasjenige des Loiret und des Loir-et-Cher angrenzt.
Seine Untersuchungen beschlagen die Hagelfälle von 1836—1865.
Er sagt: „Ich habe zünächst Schritt für Schritt die hauptsäch-
lichste Zone, in welcher sich die Wolken bewegt haben, verfolgt
und den Verlauf der Hagelfälle, welche vom Loir-et-Cher und
Loiret herkamen, im Departement der Marne während 30 Jahren
geprüft. Diese Zone umfasst im Loir-et-Cher den ganzen Raum
zwischen dem Loirefluss und einer annähernd parallelen Linie,
welche unterhalb Vendôme durchgeht. Sie breitet sich im Loiret
bis zum Walde von Orléans aus. Hier spaltet sie sich oft. Ein
Zweig zieht nach Süden und folgt dem Thal der Loire und der
andere Zweig zieht sich nach Norden und nimmt dann eine nord-
westliche Direktion, indem er den Wald umgeht; dann wendet er
sich wieder östlich und breitet sich über einen Theil des Kreises
von Pithiviers aus, lässt aber zwischen sich und dem Walde eine
Strecke von 15—20 km völlig hagelfrei. Diese Zone tritt dann
in's Seine- und Marne-Departement ein.

Derjenige Theil des Loiret, welcher östlich vom grossen Wald von
Orléans ist, wird sehr selten von Hagel betroffen. Im Departement

Seine-et-Marne verläuft die aus dem Loiret kommende Zone östlich im Gebiet von Fontainebleau, auf der einen Seite vom gleichnamigen Walde begrenzt und auf der anderen Seite bis Chateau-Landon reichend. Es giebt dann noch eine kleinere Zone zwischen den Wäldern von Sénart und Armainvilliers in der Gegend von Brie-Combe-Robert. Die Kreise von Melun und Meaux werden durch die Wälder von Fontainebleau, Sénart und Anderen vor den Hagelschlägen beschützt."

Nachdem Becquerel noch eine Anzahl Beispiele citirt hat, fährt er fort und sagt: „Die soeben vorgeführten Thatsachen zeigen deutlich, dass die Wälder der Departements Loiret und Seine-et-Marne die Gewitterwolken aus ihrer gewöhnlichen Bahn ablenken, sie in zwei oder mehrere Theile spalten oder den Hagelfall aufhalten."

Weiter wird gesagt: „Wenn man für jede Gemeinde die Hageljahre nach der Jahreszahl zusammenstellt, so findet man, dass sie nicht etwa ganz zufällig aufeinander folgen, sondern dass sie Serien von 2, 3, 4, 5 bis 7 auf einander folgenden Jahren bilden.

Wir citiren aus mehreren hundert Beispielen nur dieses:

Saint-Péravy-la-Colombe ist verhagelt worden in den Jahren 1839 u. 1841, 42, 43, 44, 45—1852 und 53—1858, 59, 60 und 61 u. 1865.

Ferner ist die Gemeinde Pouille von 1836—1852 nur einmal verhagelt worden, darauf aber 6 Jahre nach einander und dann nicht wieder. —

„Woher kommt diese Periodizität?" frägt Becquerel und antwortet: „Man weiss es nicht. Man weiss nur, dass die benachbarten Gemeinden, welche unter dem gleichen Winde liegen, die gleichen Serien aufweisen. Dieses scheint anzudeuten, dass die Ursachen terrestrischer und atmosphärischer Natur sind."

Wir aber können nun sagen: „Wäre Becquerel Forstmann gewesen und hätte seine Untersuchungsmethode es zugelassen, den Entstehungsort und den Verlauf der *einzelnen* Hagelwetter zu untersuchen, so würde er die Ursachen dieser Periodicität mit Leichtigkeit gefunden haben. Sie liegen eben in gewissen Abholzungen der näheren und weiteren Umgebung.

In der Sitzung vom 11. Juni 1866 macht Becquerel noch einen Nachtrag zu seinen früheren Mittheilungen über die Hagelschläge, welcher sich auf Beobachtungen im Departement des Niederrheins bezieht. Er theilt mit, dass auch dort die Hagelzonen in waldlosen Gebieten liegen und dass zwischen dem Hagenauer Forst und dem Bienwald unterhalb Strassburg ein kleiner

Hagelstrich liege. Ueber die Hagelfälle in den Waldungen habe man von den Forstleuten der dortigen Gegend Berichte eingefordert. Alle diese Berichte ergeben, dass es in den Wäldern sehr selten hagele und immer in ganz unschädlicher Weise und dass es sogar Partien gebe, wo es seit 30 Jahren nicht gehagelt habe. Die Wälder halten die Hagelwetter nicht plötzlich auf; die Waldränder, welche gegen das Wetter liegen, werden oft betroffen. Aber die Hagelwetter verlieren an Intensität beim Verrücken über den Wald, so dass das offene Land jenseits des Waldes völlig verschont wird.

Soweit die sehr werthvollen Mittheilungen des berühmten französischen Gelehrten nach den „Comptes rendus de l'Académie française, Tome LXII pag. 1267." —

Die jüngste und letzte Mittheilung nicht sowohl über den Verlauf der Hagelwetter als vielmehr über den Zug der gewöhnlichen Gewitter kommt uns soeben durch die Güte des Herrn Professor Bachmann von der Universität Bern aus Ostpreussen zu. In der Generalversammlung des westpreussischen botanisch-zoolologischen Vereins zu Marienwerder hat Herr Professor Dr. Künzer am 2. Juni 1879 einen Vortrag gehalten*) über „den Einfluss des Waldes auf den Zug der Gewitter im Kreis Marienwerder." Nachdem der Vortragende seine 20jährigen Beobachtungen über den eigenthümlichen Zug der Gewitter um Marienwerder herum dargelegt hat, resümirt er dieselben am Schlusse folgendermaassen:

„Aus all dem Gesagten ergiebt sich, dass die Gewitterzüge nur bei Neuenburg über die Weichsel gehen (sowohl etwas oberwio unterhalb, aber nicht über Kozeliec hinaus), dann sich an dem Jammier Forst möglichst entlang ziehen und das Land hinter dem Forst (von Marienwerder aus gedacht) heimsuchen. Dann ziehen sie wohl an dem zweiten Waldgebiet entlang um Marienwerder herum nach dem Rehhöfer Forst hin und gehen hier, Mewe gegenüber (auf der Linie Mewe-Warmhof), abermals über die Weichsel zurück. Ein Theil der Gewitter geht garnicht über die Weichsel, sondern zieht an dieser entlang nordwärts und jenseits derselben. — Die aus Süden kommenden Gewitter ziehen an der Südfront des Jammier-Forstes hin und gehen nach Osten, entweder in dem Rosenberger Kreis verschwindend, oder sich nach Nordwesten wendend, die Linie verfolgend nach Weishof, Mewe zu.

---

*) Mittheilungen der naturforschenden Gesellschaft zu Danzig. Neue Folge IV. 4. 1880.

In den letzten 22 Jahren ist *niemals* ein Gewitter in dem Raum südlich von Marienwerder zwischen Bialken, Marienwerder, Gorken über die Niederung nach der Weichsel und über dieselbe gegangen.

Grund für die im Vorstehenden erwähnten Richtungen der Gewitter ist nicht der Fluss, sondern die eigenthümliche Vertheilung der Wälder, besonders der Nadelwälder auf den Höhen, welche die Weichsel rechts und links begleiten."

Durch diese Mittheilungen dürften unsere Beobachtungen einen solchen Hintergrund bekommen haben, welcher die Benutzung derselben zu einem wissenschaftlichen Erklärungsversuch, der nun folgen soll, wohl rechtfertigt. —

b. Aeltere und neuere Hageltheorien.

Unter allen Erscheinungen in der Atmosphäre ist das Hagelwetter unstreitig diejenige, welche am allermeisten auf die Sinneswahrnehmungen der Menschen einwirkt. Der noch eben sonnig lächelnde Morgen hat einen drückend schwühlen Mittag und einen mit düsterem Grauschwarz behangenen Nachmittag. Aus den mit Wolken beladenen Höhen stürzt ein heftiger Sturmwind, der auf seinen Flügeln das Unheil mit rasender Schnelligkeit heranwälzt. Fortwährender Donner rollt über den Häuptern und Blitz auf Blitz zuckt hernieder und erhellt die schwärzlichen Schatten. Es kämpfen und toben die luftigen Elemente, bis das eine die siegreiche Oberhand hat und dann brechen sie, von ungeheurem Sturmwind begleitet, herein, die alles Leben zu zerstören scheinenden Eismassen der Lüfte, gefolgt von einem Wasserguss, der alle Bäche überfliessen macht. Aber auch sogleich ist die Erscheinung vorbei und es bleibt nur die winterliche Kälte, der mit Eis bedeckte Boden mitten im Sommer und die so schwere und bittere Täuschung des Landmannes über die Früchte seines Fleisses, welche ein Raub gigantischer Mächte geworden sind.

Keine Erscheinung hat so sehr das menschliche Genie zur Erklärung aufgefordert und keine hat demselben so lange und so trotzig widerstanden.

Theorien auf Theorien sind entstanden und jede ist von der nachfolgenden in ihrer Unhaltbarkeit bewiesen worden. Bei der Menge und Grösse der Schwierigkeiten, welche sich der Beobachtung und Untersuchung entgegenstellen, sind die Misserfolge nur zu erklärlich. Ob das noch lange so fortgehen wird und ob die letzten Tage nicht einen gewissen, wenigstens zeitweilig befriedigenden Abschluss gebracht haben, das mag der Leser selbst beurtheilen, nachdem er dieses Kapitel zu Ende studirt haben wird.

Wir werden in der Folge die älteren Theorien, welche einem ganz ungenügenden Stande der Naturwissenschaften entsprungen sind, nicht berühren und auch diejenigen nur skizziren, deren Unhaltbarkeit heute allgemein eingesehen wird. Nur diejenigen Ansichten, welche wir als allein zutreffend gelten lassen können, sollen etwas näher beleuchtet werden.

Der bedeutende französische Gelehrte De Luc (Recherches sur les modifications de l'Atmosphère) hatte zuerst die Ansicht, der Hagel bilde sich in der Schneeregion, wo die erforderliche Kälte eben immer vorhanden ist. Nachdem er aber auf einem Berge bei Turin ein Hagelwetter unter sich gesehen hatte, da liess er seine Hypothese fallen und stellte eine andere auf, nach welcher der wesentlichste Bestandtheil der Elektricität Wärme sein sollte. Wenn nun in der Atmosphäre Elektricität entsteht und durch Blitze sichtbar wird, so sollte Wärme gebunden werden und dies oft in solchem Maasse, dass auch im Sommer die Temperatur unter Null sinken und Hagel entstehen könne.

Diese Theorie ist von mehreren Gelehrten lange Zeit unterstützt, dann aber wieder fallen gelassen worden, nachdem die Physik Wärme und Elektricität als etwas verschiedenes erklärt hatte.

Eine der bedeutendsten Theorien ist diejenige des Italieners Volta.

Derselbe nimmt an, dass die bedeutende Kälte, welche zur Hagelbildung nöthig ist, durch schnelle Ausdünstung entstehe. (Kämtz: Meteorologie Seite 460.) Diese Ausdünstung sollte befördert werden: 1) durch die Sonnenstrahlen, welche mit grosser Stärke auf den oberen Theil der Wolke wirken, 2) durch die von De Luc und Saussure gefundene grosse Trockenheit der über der Wolke stehenden Luft, 3) durch die Disposition der Dunstbläschen, sich in elastischen Dampf zu verwandeln und 4) durch die Elektricität, welche die Verdunstung sehr befördern soll.

Haben sich nun die ersten Embryonen der Hagelkörner resp. Graupelkörner gebildet, so ist zur weiteren Entwickelung die Existenz zweier übereinander stehender Wolkenschichten nöthig, welche verschiedene Elektricität haben. Es entstehe dann zwischen

diesen Wolken ein sogenannter elektrischer Tanz, indem die Hagelkörner von der éinen Wolkenschicht mit entgegengesetzter Elektricität angezogen und sobald sie damit gesättigt, wieder abge-
stossen und von der ersten Wolke wieder angezogen werden, wobei
sie sich jeweilen mit einer neuen Eiskruste umgeben. So dauere
das Spiel fort, bis die Schlossen gross genug seien, um zur Erde
fallen zu müssen. —

So vielen Beifall diese elektrische Theorie des Hagels auch
fand, so erhoben sich doch bald Gegner gegen dieselbe. Es wurde
gezeigt, dass die Verdunstung, namentlich unter Einwirkung der
Sonne, nicht so viel Kälte erzeuge, dass ein Gefrieren entstehen
könne und dass vorher längst die Verdunstung auf ein Minimum
sinken müsste. Auch ist es nicht denkbar, dass eine so beträchtliche Last Hagelkörner, entgegen den Wirkungen der Schwere von
der oberen Wolke angezogen werden könne. Niemals sind zwei
Wolkenschichten in dieser Art thätig übereinander erblickt worden
und ist ja durch die Volta'sche Theorie der lokale Charakter des
Hagelwetters durchaus nicht erklärt.

Es bildeten sich nun in der Folge Theorien aus, welche die
Bildung des Hagels durch Mischung sehr kalter mit wärmerer
Luft, also mehr auf mechanischem Wege erklären wollten. Es
sollten die elektrischen Erscheinungen eher Produkte als Ursachen
der Hagelwetter sein.

Es ist aber durchaus nicht abzusehen, woher im Sommer an
heissen Tagen in so geringer Höhe über dem Boden die eisige
Luft herkommen sollte, die auch nach ihrer Mischung mit warmer,
dampfhaltiger ein Gefrieren des Wassers zulassen würde.

Munke nimmt den aufsteigenden Luftstrom zu Hülfe. Die
emporgehobenen Luftmassen sollen von andern kälteren, umgeben
sein und in diesen ruhen. Es erfolge dann bei Windstille keine
Mischung derselben und sie treten wegen schlechter Leitung auch
ihre Wärme an die Umgebung nicht ab. Diese hoch emporgehobenen Luftmassen seien das Material der Hagelwolken, ohne
die letzteren selbst zu sein. An der oberen Grenze dieser Luft be-
ginne dann die Condensation und Abkühlung. Es entstehen die Cirri
aus Schneeflocken, die mindestens 4000^{m} hoch stehen und diese
stürzen mit der erkalteten Luft herab. Es bilde sich eine Raumverminderung und andere kalte Luft stürze nach; dadurch ver-
mehre sich der Niederschlag und bilde sich aus Schnee Eis, das

andere Wassertheile anziehe. Der Druck dieser kalten Luft erzeuge ein Ausweichen und Aufsteigen der wärmeren Luft aus der Tiefe und ein Wehen von Winden in verschiedenen Richtungen, bis das Hagelwetter zum vollen Ausbruch komme.

Diese Theorie basirt auf der unrichtigen Annahme, wonach heisse Luft, ohne sich abzukühlen und ohne sich zu mischen, in kalte Luftschichten hinaufsteigen könne. Auch kann sie die starken elektrischen Erscheinungen und den lokalen Charakter der Hagelwetter und ihre Entstehung in sehr tiefen Luftschichten garnicht erklären.

Nach Mohr (Poggendorf's Annalen, Band 117, Seite 89) findet Hagelbildung nur dann statt, wenn eine so bedeutende Raumverminderung durch .Condensation von Dämpfen eingetreten ist, dass die daneben liegenden Luftschichten nicht Zeit haben, in das Vacuum nachzurücken und die senkrecht darüberliegenden hineingezogen werden müssen. Es bildet sich also in der hagelnden Wolke ein trichterförmiger Strudel von eiskalter Luft, gefrorenem Wasser und daneben noch flüssigem, das schraubenförmig wirbelnd zur Erde niederbrause. — Diese Theorie muss, abgesehen von der Unnatürlichkeit, dass seitliche Luftmassen weniger Zeit haben sollen in's Vacuum nachzurücken, als darüber gelegene, der Vorwurf gemacht werden, dass ein solcher trichterförmiger Wirbel dem Auge leicht sichtbar sein müsste, dass aber noch nie ein solcher beobachtet wurde.

Wir könnten neben diesen Ansichten und Theorieversuchen noch eine Menge anderer aufführen, denn es werden (Dr. W. Schwaab. Die Hageltheorien) nicht weniger als ein ganzes Dutzend Hageltheorien aufgestellt. Wir unterlassen es, weil keine derselben auch nur annähernd zu unseren langjährigen Beobachtungen im Kanton Aargau stimmt und keine alle Erscheinungen befriedigend zu erklären vermag. Wir wollen versuchen, an der Hand der neueren Physik eine bessere und, wie wir glauben, ausreichende Erklärung der Hagelwetter geben.

-----

o. Versuch einer Gewittertheorie.

Die aufmerksame Beobachtung der Entstehung von Gewitterwolken über unserem Jura bei völliger Windstille, das Wachsen derselben aus sich heraus und die pilzartige Ausbreitung derselben über den Horizont liessen uns die Ursachen der Condensation in anderen Vorgängen als der Einwirkung kalter Luftströmungen suchen. Wir wurden in unserer Ansicht bestärkt durch die interessante Mittheilung eines Naturforschers, wonach im Sommer im engen Thal des Comersees, eingeschlossen zwischen hohen Bergwänden, oft regelmässig mehrere Tage nacheinander Nachmittags 2 Uhr ein Gewitter mit Blitz, Donner und heftigem Regen, ohne jede Einwirkung von Luftströmungen entstehe und bereits um 3 oder 4 Uhr wieder vorbei sei, so dass der Tag mit wolkenlosem Himmel endige. — Wie kann diese Erscheinung erklärt werden? Wie ist es möglich, dass in den aargauischen Thälern, kaum 200 ^{m} über dem Boden in einer glühenden Atmosphäre plötzlich jene gewaltigen Gewitterstürme mit anhaltendem Blitz und Donner entstehen können, welche eine Abkühlung bis zur Eisbildung mit sich bringen, während dem höhere Luftschichten nichts davon verspüren?

Wie entsteht diese plötzliche, mächtige Condensation der Dämpfe? wie der Niederschlag von Wasser und Eis in der eben noch glühenden Luft? wie die ungeheure Menge von Elektricität und wie diese starke Abkühlung?

Die Antwort muss lauten: *„Wärme ist verschwunden und Elektricität aufgetreten,"* oder mit anderen Worten: *„Es hat sich Wärme in Elektricität umgesetzt und ist dadurch eine Abkühlung der Luft entstanden, welche die Condensation der Dämpfe und die Wolkenbildung veranlasste. Bei weiterem Fortschreiten dieses Umsetzungsprozesses entsteht dann das eigentliche Gewitter mit Regen oder Hagel."*

Wenn diese Umsetzung von Wärme und Elektricität in der Luft experimentell auch noch nicht direkt nachgewiesen ist, so kennen wir doch bereits Fälle solcher Umsetzungen.

Der elektrische Strom setzt sich um in Wärme, indem er einen Platindraht erglühen macht. In der thermo-elektrischen Säule wird Wärme in Elektricität umgesetzt. Die Wärme kann sich in Arbeit umsetzen und umgekehrt, durch Arbeit Wärme erzeugt werden.

Auch die Elektricität kann Arbeit und zwar gewaltige Arbeit verrichten, das beweist jeder Blitzschlag. Umgekehrt kann aber auch mit der Gramm'schen Maschine Arbeit in Elektricität umgesetzt werden.

Wärme und Elektricität sind Schwingungszustände, die nahe verwandt sind, obwohl sie verschieden auf unsere Sinneswerkzeuge einwirken. Die verschiedene Art der Perception beider liess uns lange dieselben für etwas Grundverschiedenes auffassen.

Der Urquell des Lichtes und der Wärme und die Mutter allen organischen Lebens auf Erden ist ja bekanntlich die Sonne, jener ungeheure elektrische Feuerball, dem auch die Wolken und die Gewitter ihre Kräfte verdanken. — Licht, Wärme, Elektricität, Kraft und Leben, sie sind Aeusserungen ein und derselben Urkraft, die wir freilich in all ihren Erscheinungsformen noch nicht genugsam kennen, da eben, wie bereits bemerkt, ihre Einwirkungen auf unser Nervensystem sehr verschieden sein können.

Zu ganz denselben Anschauungen gelangt unser Landsmann, Seminardirektor Wettstein in Küssnacht bei Zürich, in seinem höchst interessanten Buche: „Die Strömungen des Festen, Flüssigen und Gasförmigen. Zürich, Verlag von J. Wurster & Cie. 1880. Seine Beweisführung ist scharf, streng wissenschaftlich und werthvoll. Wir geben dieselbe hier auszugsweise wieder. Er sagt Seite 370:

„Zur Entstehung eines Gewitters ist demnach der Transport einer warmen, feuchten Luftmasse in eine bedeutende Höhe oder die Mischung von kalter Luft mit warmer und feuchter nothwendig. Und dieser Prozess muss mit einer gewissen Schnelligkeit vor sich gehen, sonst entsteht nur ein gewöhnlicher Niederschlag ohne elektrische Entladungen. Immerhin ist auch ein solcher Niederschlag von lebhaften elektrischen Erscheinungen begleitet, die nur nicht bis zur sichtbaren Explosion sich steigern. — Das Gewitter beginnt mit einer Ausscheidung des Wasserdampfes in Folge einer Abkühlung der Luft. Diese Ausscheidung ist aber von einer Wärme-Entwickelung begleitet und diese *Wärme-Entwickelung durch Condensation des Wasserdampfes bietet die Hauptschwierigkeit* für die Erklärung des Gewitters; denn die hierbei entstehende Wärmemenge ist gerade so gross wie die, welche zur Bildung des Dampfes aus dem Wasser verbraucht wurde.

Wettstein berechnet sodann die Condensationswärme, welche entsteht, wenn 1^{m^3} gesättigte Luft bei einem Barometerstand von 760^{mm} von 25^0 C., wo er $22{,}7^g$ Wasser enthält, auf 0^0 abgekühlt wird, wo er blos noch $4{,}8^g$ Wasser enthalten kann.

Das bei der Abkühlung ausgeschiedene Wasser beträgt $22{,}7 - 4{,}8^g = 17{,}9^g$ und die frei werdenden Wärme-Einheiten betragen $680 \cdot 0{,}0179 = 12{,}3$.

Da nun 1^{m^3} Luft $1{,}2932^g$ schwer und ihre specifische Wärme 0,2375 ist, so erwärmen jene 12,3 Wärme-Einheiten diese Luft und die $17{,}9^g$ Wasser um $\dfrac{12{,}3}{1{,}2932 \cdot 0{,}2375 + 0{,}0197} = 37{,}8^0$ C.

Wenn mithin diese Condensationswärme der Luft nicht auf irgend eine Weise entzogen wird, so kann eine Ausscheidung des Wasserdampfes gar nicht erfolgen. *Eine Erklärung des Gewitters hat vor Allem aus eine Vernichtung dieser Wärme oder ihre Entfernung aus der Gewitterwolke nachzuweisen.*

Die obigen Zahlen für die Temperatur-Erhöhung beziehen sich auf den Fall, wo das Wasser in fester Form ausgeschieden wird. Fällt es in tropfbar flüssiger Form, so reducirt sich die Zahl 37,8 um circa $\frac{1}{8}$ oder auf 33,6. Hieraus ergiebt sich, dass nicht das Gefrieren des Wassers, die Bildung des Hagels, die Hauptschwierigkeit in der Erklärung des Gewitters ausmacht, sondern die rasche Condensation des Dampfes zu Wasser. Hat sich einmal der Dampf zu Wasser von 0^0 verdichtet, so braucht es nur den achten Theil der hierzu nothwendig gewesenen Abkühlung, um dieses Wasser in Eis zu verwandeln, d. h. aus dem Regen Hagel zu machen.

S. 375. Um nun aber einen besseren Einblick in den Causalzusammenhang der Gewitter-Erscheinungen zu erhalten, muss man das Gewitter von seinem Beginn an etwas näher in's Auge fassen.

Die Abkühlung kann nach bisheriger Auffassung auf zwei Arten eingeleitet werden.

a) Indem die Luft durch den Druck in grössere absolute Höhe gehoben wird. — Nach dem Mariotte'schen Gesetz nimmt aber mit der Abnahme des äusseren Druckes das Volumen der Luft zu und kann man die Temperatur der Luft t_2 unter geringen Druckverhältnissen nach der Formel

$$t_2 = \left(\frac{p_2}{p_1}\right)^{\frac{c-1}{c}} (a + t_1) - a$$

berechnen, wenn p_1 der anfängliche, p_2 der schliessliche Druck, c das Verhältniss der specifischen Wärme der Luft bei constantem Druck zur specifischen Wärme bei constantem Volumen oder die Zahl 1,410 und a der absolute Nullpunkt -273^0 und t_1 die anfängliche Temperatur bedeutet.

Wenn nun die Luft vom Meeresniveau mit 25^0 C. aufsteigt, so kühlt sie sich folgendermaassen ab:

Höhe	Barometerstand	Temperatur	Temperatur-Abnahme
0 m	760 mm	+ 25 ⁰ C.	0 ⁰
1000	675	+ 14,9	10,1
2000	600	+ 5,2	19,8
3000	533	− 4,3	29,3
4000	473	− 13,4	38,4
5000	420	− 22,2	47,2

Während des Aufsteigens findet aber fortwährend Condensation der Wasserdämpfe statt und wenn man die Condensationswärme berechnet, so findet man, dass diese ausreicht, um bis zu 4000 m Höhe die Abkühlung durch das Steigen auszugleichen und dass erst von dort an ein wirkliches Sinken der ursprünglichen Temperatur erfolgen könnte. — Nun entstehen aber fast alle Gewitter viel tiefer als 5000 m über Meer und kann daher die Condensation durch das Steigen des Dampfes nicht erklärt werden.

Aber auch eine Condensation durch Mischung zweier gesättigter Luftmassen von verschiedener Temperatur, wobei die resultirende mittlere Temperatur nicht so viel Capacität hat, als beide Massen Wasserdampf enthalten, lässt sich nicht denken, weil durch dieselbe soviel Wärme entstehen müsste, dass die Condensation sehr bald aufhören müsste.

b) Eine Abkühlung kann weiter eingeleitet werden, indem ein kalter Luftstrom aus der Höhe herabstürzt und in warme feuchte Luftmassen einbricht. Allein beim Herabsinken macht sich gerade die entgegengesetzte Erscheinung geltend wie beim Aufsteigen. Es erwärmt sich nämlich die Luft. Sinkt eine Lnftmasse aus der Höhe von 5000 m, wo sie − 22 ⁰ C. hat, herab, so kommt sie am Meeresniveau mit + 25 ⁰ C. an. und kann also ebenfalls keinen Dampf condensiren.

Nachdem dann noch nachgewiesen worden ist, dass auch die Ausstrahlung nicht hinreiche, um die Condensationswärme zu beseitigen, geht Wettstein zur näheren Betrachtung der Condensation über. Seite 381.

Die Abkühlung eines mit Dampf gesättigten Luftraumes bewirkt den Uebergang eines Theiles des Dampfes in tropfbar flüssiges Wasser. Dieses letztere bildet sich in Form von feinen Wasserkügelchen, die in der Luft schwimmen und die man früher für Bläschen hielt. Man kann diese schon mit blossem Auge, wenn auch schwierig, als einen feinen Staub erkennen, deutlich sieht man sie mit dem Vergrösserungsglas.

Bei der Bildung dieser Wasserkügelchen nun treten elektrische Erscheinungen auf. Man hat in früherer Zeit dieser Elektricität einen grossen Einfluss auf die Gewitter-Erscheinungen zugeschrieben. Später aber fasste man sie mehr als Nebenprodukt des Gewitters auf, aber mit Unrecht.

Die Blitze sind elektrische Ströme von so bedeutender Spannung, dass sie die Luft auf Stunden weit durchbrechen. Der Blitz, der eine gewisse, oft sehr bedeutende Arbeit von mechanischer, chemischer, elektrischer und thermischer Natur leistet, kann nicht aus dem Nichts entstanden sein; *seiner Arbeit muss wie jeder anderen ein bestimmter Wärmeverbrauch zu Grunde liegen.*

Bei jeder künstlichen Erzeugung von Elektricität findet ein solcher Wärmeverbrauch statt. Bei der Reibungs- und Influenz-Elektrisirmaschine und bei der Magnet-Elektrisirmaschine ist es die Körperwärme des Experimentators, welche verbraucht wird; in der Volta'schen Kette die Verbrennungswärme des Zink oder eines anderen sogenannten positiven Metalls; in dem thermo-elektrischen Element und bei der Pyro-Elektricität die Wärme irgend einer beliebigen äusseren Wärmequelle.

Wenn ein Stück Zink bei Sauerstoffzutritt zum Glühen erhitzt wird, so verbrennt es unter Licht- und Wärme-Entwickelung; im Volta'schen Element dagegen verbrennt es zwar auch, aber ohne Licht- und Wärme-Entwickelung, dafür entsteht ein elektrischer Strom. Wir erhalten mithin durch den nämlichen chemischen Prozess das eine Mal Wärme und das andere Mal Elektricität und wir schliessen daraus, dass beide auf einem ähnlichen inneren Vorgang beruhen. Der elektrische Strom, welcher an der Stelle der Leitung in Wärme umgesetzt werden kann und sich bei der geschlossenen Volta'schen Kette auch wirklich verwandelt, vertheilt die, zu seiner Erzeugung verbrauchte Wärme über seine ganze Leitung. Es ist nun kein Hinderniss anzunehmen, dass in der Gewitterwolke ein ähnlicher Vorgang stattfinde, dass die elektrischen Ströme, die Blitze, die Condensationswärme des Wasserdampfes über einen weiten Raum vertheilen, damit eine Erwärmung der Wolkenluft verhindern und eine weitere Dampf-Condensation ermöglichen. Es scheint, es könne gar kein ernstlicher Zweifel darüber entstehen, dass die von einer Wolke aus-

gehenden Blitze wirklich diesen abkühlenden Einfluss auf die Wolke
haben, sofern die Gewitter-Elektricität in der Wolke selber entsteht. Nach einigen weiteren Bemerkungen über die Ergebnisse
neuerer Untersuchungen, nach welchen bei der Verdampfung selbst
keine Elektricität entsteht, sagt Wettstein Seite 384, es bleibe
keine andere Annahme als die, dass die Gewitter-Elektricität durch
den Prozess der Dampf-Condensation entstehe. *Aus den Gewitter-
Erscheinungen scheine sich auch zu ergeben, dass die Umsetzung
von Wärme in Elektricität bei der Condensation des Wasserdampfes in der atmosphärischen Luft erfolgt; die Condensations-
Wärme wird dann als solche nicht wahrnehmbar, sie tritt in der
Form von Elektricität auf.*

Wir verlassen nun die Darstellung und weitere Erklärungsweise des Gewitters durch Wettstein und wollen versuchen, einige
neue Gesichtspunkte für diese aufzustellen.

Bekanntlich verdunstet täglich und stündlich unter der Einwirkung direkter und indirekter Sonnenstrahlen eine Menge Wasser
von Bächen, Flüssen und Seen und sogar von der bewachsenen
und unbewachsenen Erdoberfläche. Dieses geschieht, indem die
Aetherschwingungen, welche wir als Sonnenlicht empfinden auf
die Molekularkräfte, welche die Wassermoleküle in der engen Verbindung des flüssigen Agregatzustandes halten, lockernd einwirken
und schliesslich eines nach dem anderen loslösen durch Ueber-
windung der Cohäsionskraft. Sie nehmen dann von einander einen
ungemein viel grösseren Abstand ein, erheben sich in der durch
Erwärmung ebenfalls weniger dicht gewordenen Luft und steigen
mit dieser in die Höhe. Bekanntlich nennt man diejenige Wärme
welche als Arbeit zur Erweiterung der Abstände der Moleküle verwendet worden ist und keine thermischen Wirkungen ausgeübt hat,
latente Wärme. —

Das Sonnenlicht nun besteht bekanntermaassen nicht aus
gleichartigen einfachen Strahlen mit gleicher Schwingungslänge der
Wellen, sondern es besteht aus thermischen und chemischen und
aus Strahlen verschiedenen Lichtes. Ob nun bei der Verdunstung
alle diese verschiedenen Strahlen gleichen Antheil haben oder
nicht, ist uns nicht bekannt. Es scheint uns aber, dass dies
nicht der Fall sein könne und dass nur gewisse Schwingungs-
effekte die Verdunstung bewirken, dagegen andere auf das zurück-
bleibende Wasser einwirken. Wir schliessen dies daraus, dass

das Wasser auf der Erdoberfläche und diese selbst immer negativ
elektrisch sind und dass die Luft, namentlich in höheren Regionen,
immer positiv elektrisch ist, was durch viele Beobachtungen nachgewiesen wurde. Ebenso wissen wir, dass beide Elektricitäten sich
stets auszugleichen und aufzuheben suchen und dass die trockene
Luft ein sehr schlechter Leiter ist.

Die Verdunstung kann nun an Sommertagen lange Zeit nach
einander erfolgen und beständig bleibt der Himmel heiter, es kann
nach vier- und mehrwöchentlichem schönem Wetter, namentlich
bei herrschendem mässigem Wind, stellenweise eine förmliche Dürre
entstehen. Dann auf einmal bilden sich über eine grosse Fläche
Landes, ja zugleich über ganz Mitteleuropa Gewitter. Das heisst
die massenhafte Umsetzung von Wärme in Elektricität beginnt
und damit die Dampf-Condensation.

Die Ursachen dieser plötzlich beginnenden Umsetzung kennen
wir nicht. Sie scheinen aber kosmischen Verhältnissen zu ent-
springen und mit dem Mondalter in Verbindung zu stehen.

Schon längst ist auch der Zusammenhang der Perioden der Hagelhäufigkeit oder was dasselbe sagen will, der Gewitterhäufigkeit mit
den Sonnenfleckenperioden konstatirt, was auf den kosmischen Ursprung der Gewittererscheinungen hindeutet. Bekanntlich hängen ja
auch die magnetischen Störungen mit den Sonnenflecken zusammen.

Bei uns entstehen diese Gewitter vielfach längs dem Jura,
südlich und nördlich und oft auch auf dem Jura. Manchmal
füllen sie den ganzen Raum zwischen Jura und Alpen aus, wie
dasjenige vom 28. Juli 1872. Bei dieser Condensation von Wasserdampf tritt die frei gewordene latente Wärme in Form von positiver Elektricität auf, die sich in den Wolkenmassen anhäuft. —
Schon die klare Luft ist stets positiv elektrisch und zwar nimmt
die Elektricität nach oben erheblich zu. Schübler fand in $9{,}74^{\,m}$
Höhe $15^{\,0}$ Elektricität und in $58{,}47^{\,m}$ Höhe $64^{\,0}$ Elektricität.
Aber diese bleibt nicht constant, sondern sie zeigt täglich zwei
Maxima und zwei Minima, welche auf verschiedene Stunden fallen,
je nach den Jahreszeiten. Schübler fand:

	1. Minimum:	1. Maximum:	2. Minimum:	2.Maximum:
im Winter	$7^1/_2$ Uhr Morg.	$9^1/_2$ Uhr Morg.	$2^1/_2$ Nachm.	$6^1/_2$ Abds.
- Frühling	$6^1/_2$ -	$8^1/_2$ -	$3^1/_2$ -	$7^1/_2$ -
- Sommer	5 -	7 -	$4^1/_2$ -	$9^1/_2$ -
- Herbst	$7^1/_2$ -	$9^1/_2$ -	$2^1/_2$ -	$6^1/_2$ -

Die Bewegung der Elektricität folgt also der Sonne und ihrer Einwirkung auf den Erdboden und steht im Zusammenhang mit der Nebelbildung.

Es giebt aber auch ein jährliches Maximum im Januar und ein jährliches Minimum im Juni oder Juli. Schon Schübler hat gefunden, dass die Normal-Elektricität der Luft Schritt halte mit der Dunstausscheidung und sowohl am Tage als im Jahre auf die Zeiten fällt, wo diese am stärksten ist. Es ist dies nach dem Vorgetragenen natürlich und bereits erklärt.

Bei Gewittern findet nun in der hellen Atmosphäre oft an verschiedenen Stellen zugleich und meist in der Nähe von Gebirgen eine Umsetzung von Wärme in Elektricität statt. Nehmen wir an, es entstehe aus dem aufsteigenden Luftstrom eine höhere Wolkenmasse einige hundert Meter über dem Jura und eine tiefere Wolkenmasse längs dem Jura über dem Aarethal.

Die obere Wolkenmasse beginnt mit dem Fortschreiten der Condensation und der Abkühlung sich mit + Elektricität zu laden und, schwerer geworden, fängt sie an zu sinken. Die untere Wolkenmasse, die ebenfalls + elektrisch ist, wird vielleicht vom Winde gegen den waldigen Jura gepresst oder streicht über denselben und es findet bei dieser Bewegung eine Ausströmung von negativer Elektricität aus allen vorstehenden Gegenständen, namentlich Gras, Bäumen etc. gegen die Wolke und damit eine Ausgleichung statt. Noch mehr, die Nähe der oberen Wolke mit + Elektricität bewirkt eine Ladung der unteren Wolke aus dem Boden mit — Elektricität. Bewegen sich beide Wolkenschichten mit einander vorwärts und über Thalgründe hinweg, indem sie sich nähern, so folgen Blitzschläge von einer Wolke zur andern und die Condensation schreitet immer mehr vor, indem sich die untere Wolke immer wieder mit neuer negativer Elektricität und die obere immer wieder mit neuer positiver Elektricität ladet. So können auch seitlich Wolken mit verschiedener Elektricität entstehen, die eine mit positiver Elektricität über einem freien Thal und die andere längs dem waldigen Berg oder auf demselben mit negativer Elektricität. Wenn dieser Vorgang an mehreren Orten stattfindet, so entstehen dann jene gewitterreichen Tage, die öfter nach heissen Sommertagen vorzukommen pflegen.

Es giebt nun aber auch recht heftige lokale Gewitter, wo nicht zwei Wolkenmassen auf einander einwirken, sondern wo der eine grosse gewaltige Wolkenball sich beständig mehr mit Elektricität ladet, beständig sinkt und sich der Erdoberfläche nähert, bis die Nähe zu einem Blitzschlag in einen vorspringenden Theil des Bodens, einen Baum oder sonst etwas, vorhanden ist. Es folgen noch einige Blitzschläge und dann ergiesst sich die kalte Luftmasse mit Regen und Sturm und fürchterlichem Getöse über die Tiefen dahin.

Im Fall von zwei Wolkenmassen entsteht positiver und negativer Regen von Anfang an. In diesem letzteren Falle ist der Regen fast ausschliesslich positiv elektrisch. — Verschiedene Forscher haben mitgetheilt, dass bei Wind und namentlich bei Südwestwind die negativen Regen häufiger seien als die positiven. Es kann dieses daraus erklärt werden, dass bei Wind die Wolken ihren Entstehungsort längs Bergen rasch wechseln, nachdem sie unter der Einwirkung höherer Luftschichten mit positiver Elektricität einen Ueberschuss von negativer Elektricität aus dem Boden aufgenommen haben und dass dann ihr später erfolgender Niederschlag negativ bleibt.

Wir haben hier noch der zwei verschiedenen Arten elektrischer Ausgleichung näher zu gedenken, von welchen bereits die Rede war.

Die Jedermann bekannte Art der elektrischen Ausgleichung zwischen Wolken verschiedener Elektricität unter sich und zwischen positiven Wolken und dem Boden ist der springende Funke, der Blitz. Man unterscheidet Flächenblitze oder büschelförmige Entladungen der Wolken gegen die Luft, und Zickzackblitze oder einzelne, springende Funken von Wolke zu Wolke oder von Wolke zum Boden. Für unsere Betrachtung liegen die Blitzschläge näher. Diese verrichten immer eine bedeutende Arbeit mechanischer, chemischer und thermischer Natur. Sie zucken auf Bäume hernieder und zerschmettern dieselben derart, dass es unmöglich wird, alle Theilstücke wieder zu finden.

Von vielen Seiten wird behauptet, es finde theilweise eine völlige Auflösung der Holzfaser in ihre Atome statt. Manchmal reissen Blitzschläge an Saft gefüllten jüngeren Bäumen nur einen kleinen Riss in den saftigsten Theilen der Rinde und lassen das trockenere Holz unversehrt. Schlagen die Blitze in schlechte Leiter, wie hölzerne Häuser, so zünden sie stellenweise, oft aber auch am ganzen Gegenstand zugleich und wird es den Bewohnern dann schwer, nur das nackte Leben zu retten.

Im Boden, oder wenn er Metalle durchläuft, schmilzt der

Blitz die umgebende Masse zu einem Klumpen und wäre es Quarzsand oder sonst ein schwer schmelzbares Material.

Am häufigsten sind Blitzschläge in Bäume und werden diese, besonders Pyramidenpappeln, schon seit langer Zeit als Blitzableiter neben die Bauernhäuser gepflanzt. Es sind diese Riesen der Pflanzenwelt besonders geeignete Leiter für die Elektricität. Aber auch Tannen werden sehr häufig von Blitzschlägen getroffen. Ein Bannwart erzählte mir, er hätte einen Blitzschlag auf eine Tanne gesehen, bei welchem dieselbe einen Augenblick gewesen sei, wie ein angezündeter enormer Weihnachtsbaum, indem aus jeder Zweigspitze ein Büschel blendendes und strahlendes Licht gekommen sei. Es sei ihm vorgekommen, als komme dieses Feuer aus dem Baum heraus und nicht von oben herab. Freilich sei auch Feuer rings um die Tanne herum gesprungen. —

Bis jetzt fast gar nicht beachtet wurde die zweite Art der elektrischen Ausgleichung zwischen Boden und Wolken, nämlich diejenige durch constante Strömung. Jedem Physiker ist bekannt, dass die Elektricität durch Spitzen oder schmale, gezackte Ränder von einem geladenen Conduktor ausströmt und dadurch nach und nach denselben entladet. Ebenso kommt es vor, dass in der Natur dergleichen Ausgleichungen und Entladungen vor sich gehen. Kämtz sagt Seite 443 seiner Meteorologie: „Wenn elektrische Wolken tief gehen und wenn das Wetter vielleicht gleichzeitig stürmisch ist, so findet häufig keine Explosion in Gestalt eines Blitzes statt; die durch Vertheilung hervorgerufene Elektricität ist so stark, dass sie aus erhabenen Gegenständen in Gestalt einer Flamme ausstrahlt, auf eine ähnliche Weise, wie wir dieses bei den Spitzen an unseren Elektrisirmaschinen sehen. Dieses Phänomen heisst St. Elmsfeuer, bei den Alten Castor und Pollux."

Diese St. Elmsfeuer sind gewissermaassen die höchste Potenz elektrischer Strömung und werden vorzugsweise bei Nacht beobachtet. Aber auch auf Bergen, in der unmittelbaren Nähe von Gewitterwolken fühlt der Reisende oft an sich selbst das Ausströmen der Elektricität, aus den Haaren, aus den Fingerspitzen und aus den Kleidern.

Weitaus die wichtigsten und wirksamsten Ausgleicher der Elektricität durch Strömung sind die Bäume und die gesellige Form ihres Vorkommens, *die Wälder.* Ihre Wurzeln reichen in den feuchten, wasserreichen Untergrund, ihre safterfüllten Zellen

vermitteln die Leitung durch den Stamm und die Tausend und
aber Tausend Zweig-, Blatt- oder Nadelspitzen, welche in die
Lüfte hinausragen, sorgen für die vollständigste Ausströmung, die
man sich denken kann. — Da nun aber *über Wäldern und in
solchen* die Luft meist feucht ist und die Feuchtigkeit ein guter
Elektricitätsleiter ist, so muss diese Ausgleichung nicht nur auf
die nächsten Luftschichten, sondern auch noch weiter wirken.
Beim Blitzableiter rechnet man die Wirkungssphäre gleich der
doppelten Stangenlänge. Wir dürfen daher die Wirkung der Bäume
auf mindestens die doppelte Baumhöhe annehmen. —

Die elektrischen Ausströmungen der Wälder sind, da sie sehr
leicht und ausgiebig wirken, nie so intensiv, dass man St. Elmsfeuer bemerken könnte, dagegen wirken sie in schwächerem Maasse
in einem fort. Besonders sind es die Nadelhölzer und unter diesen
Fichten und Weisstannen, welche in Folge ihrer starken Benadelung
und ihres starken harzigen Saftes zu dieser Funktion vorzugsweise
geeignet sind. Die Natur hat ihren Blättern die Spitzenform gegeben und sie so organisirt, dass auch noch die höchsten Lagen,
wo keine Laubhölzer mehr gedeihen, ihnen die Existenz ermöglichen, damit sie gerade dort, in der Region der Wolken, ihre wohl-
thätigen ausgleichenden Funktionen ausüben können.

Aber auch die Blattränder der Laubhölzer hat die Natur ge-
zähnt, gekerbt, gelappt und gesägt, damit sie zur Ausströmung
besser geeignet seien und damit dadurch die elektrischen Schläge
auf ein Minimum reducirt und ihre schädlichen Wirkungen vermieden werden. *Sie belässt im Winter den Nadelhölzern die
Nadeln, lässt die Laubhölzer die weniger wirksamen Blätter
fallen und giebt ihnen spitzige Knospen, damit sie — die Bewohner der Tiefe — in der Zeit des Maximums der Luft-
Elektricität und der Condensation auch zu maximalen Ausglei-
chungsleistungen befähigt seien.* —

Welche Wirkung hat nun aber die constante elektrische Strömung aus den Nadel- und Blattspitzen der Bäume auf die in Condensation begriffenen Dampf- und Luftmassen.

Wir wissen, dass der Blitzschlag thermische, mechanische und
chemische Wirkungen hat. *Diese strömende Ausgleichung hat,
so weit bekannt, keine mechanischen und keine chemischen Effekte
im Gefolge, sondern diese sind thermischer Natur. Dieses ergiebt sich ja schon mit Nothwendigkeit aus dem Umstand, dass*

bei stark gesteigerter Ausströmung Feuer entsteht, das St. Elms-
feuer, mit Wärme und Lichteffekten.

    Wärme wird verbraucht bei der Entstehung von Elektrici-
täten und Wärme oder Arbeit muss erzeugt werden, wenn sich
die Elektricitäten wieder ausgleichen. Das ist doch wohl un-
zweifelhaft. —

    Damit haben wir alle Anhaltspunkte für die Erklärung
der Gewitter und Hagelschläge gewonnen und erklären sich nun
die Beobachtungsresultate im Aargau und auderwärts eigentlich
von selbst. Freilich wollen wir uns dabei nicht verhehlen, dass
noch mancher Punkt einer Bereinigung bedarf und dass unsere
Erkenntniss der Dinge und Vorgänge ja immer nur eine relativ
vollständige ist. Und wenn unsere Erklärungsweise der Gewitter-
Erscheinungen auch noch Manches zu wünschen übrig lässt, so ist sie
doch sicherlich besser als mancher der früheren Erklärungsversuche.

    Die Umsetzung von Wärme in Elektricität oder wenn man
lieber will, die Ausscheidung von Elektricität während dem Vor-
schreiten der Condensation der Wasserdämpfe zu Wasserkügelchen
ist die Ursache des Gewitters und seiner Erscheinungen. Nicht
die Winde verursachen in der Regel das Gewitter, sondern die
Ausscheidung von Elektricität und die Abkühlung der Wolke in
ihrem Gefolge sind die Ursachen der Gewitterstürme.

    Die ungeheuren abgekühlten Luftmassen befinden sich dann
über Thälern mit heisser, viel leichterer und dünnerer Luft und
wenn nun die Umsetzung auch diese Luftmassen erfasst, so entsteht eine solche Raumverminderung, dass die heftigsten Strömungen
entstehen müssen. Die Umsetzung pflanzt sich am intensivsten
da fort, wo die Lufttemperatur und damit der Dampfgehalt am
grössten sind, nämlich in den Flussthälern und Niederungen. Die
umsetzende Bewegung überschreitet selten hohe Berge, sondern in
der Regel nur Einsattelungen und sind gerade die Gebirge recht
eigentliche Wetterscheiden. Dieses gilt nicht von den Regengewittern, in welchen schon eine Elektricitäts-Ausgleichung von
Wolke zu Wolke stattgefunden hat und die in der That öfter von
Winden in der Höhe fortgetrieben werden. Wir haben hier die
eigentlichen heftigen Sommergewitter mit Hagelschlag im Auge.

    Der Hagelschlag entsteht nun nach unseren Beobachtungen
jeweilen, wenn tiefgehende, stark mit + Elektricität geladene
Gewitterwolken über kahle oder schlecht bewaldete Hochflächen

streichen und über erhitzten Thalkesseln durch Gegenwind oder
ein anderes Gewitter zum Stehen gebracht werden.

Tiefgehende Wolken sind immer nur solche, in welchen die
Condensation und Abkühlung weit vorgeschritten ist und welche
in Folge dessen viel Elektricität enthalten. Kommt nun eine solche
Wolke, ohne dass durch die Bewaldung eine strömende Ausgleichung und damit eine Erwärmung stattgefunden hätte, über
einen Thalgrund durch Gegenwind mit anderer Temperatur und
Feuchtigkeit zum Stehen, so muss neuerdings eine weitere Condensation und vorgängig Elektricität entstehen und zwar gerade
nach der Tiefe hin. Findet auch jetzt noch keine Ausgleichung
statt, so erfolgen Blitzschläge nach dem Boden, welche das Fortschreiten der Abkühlung und damit weitere Condensation befördern.
So entsteht allmählig eine Temperatur unter Null und es bildet sich
der Hagel aus Graupeln, die im Fallen durch die condensirte, stark
abgekühlte Luftmasse sich mit Eislagen umgeben. Beim Fall in
grosse Tiefe legt sich das neue Eis immer an der Seite an, welche
abwärts gerichtet ist und es entsteht dadurch jene oft beobachtete
birn- oder pilzförmige Gestalt der Schlossen. Das Herabhängen von
weissen Fetzen aus der hagelnden Wolke zeigt das in die Tiefe Fortschreiten der Condensation an und das Toben und Tosen vor dem
Hagelfall wird bewirkt durch die Einwirkung des Gegenwindes und
die dadurch erzeugte Beschleunigung der Condensation und Erzeugung von Elektricität und auch durch das Fallen der Hagelsteine.

Dass der Hagel meist nur strichweise fällt, ergiebt sich daraus,
dass nur diejenigen Theile des Gewitters, welche über Waldlücken
streichen, Schlossen entsenden können, indem nur in diesen die
Elektricität nicht ausgeglichen und die Condensation durch die
Ausgleichung nicht unterbunden ist. Die neben anstossenden
Wolkentheile sind durch die Elektricitäts-Ausgleichung erwärmt
worden und lassen dann blos Regen fallen. Wenn ein Gewitter
über eine waldige Gegend mit zwei Waldlücken streicht, so entstehen zwei parallele Hagelstriche, welche von Regenzonen begleitet werden.

Es ist übrigens einleuchtend, dass solche Waldlücken nicht
auf den ganzen Verlauf des Wetters bestimmend einwirken, da
selbiges in seinem Fortschreiten stets von neuen Terrainverhält-
nissen beeinflusst wird. Auch ist ja die feuchte Gewitterluft nicht
ein so schlechter Leiter, dass nicht über kurz oder lang die Aus-

gleichung der Elektricitäts- und Temperatur-Vertheilung in der Gewitterwolke erfolgen müsste. —

Die Bewegung des Condensationsprozesses ist übrigens eine doppelte, zunächst schiebt sich die ganze Luftmasse unter dem Einfluss des herrschenden Windes vorwärts, sodann findet aber auch ein selbstständiges Fortschreiten des Prozesses in derjenigen Richtung statt, nach welcher die Verhältnisse günstig sind und entstehen so Lokalwinde in ganz verschiedener Richtung. —

Dieser Umsetzungsprozess kann in seiner Heftigkeit ganz bedeutend gemildert werden durch die Elektricitäts-Ausgleichung der Luftmassen über Wäldern. Besonders sind es die spitzenreichen Nadelwälder, welche am erfolgreichsten wirken. Letztere brauchen auf höhere Lagen nur derartig geschlossen zu sein, dass auch nach mehreren heissen Wochen die Feuchtigkeit des Bodens im Bereich der Wurzeln noch stark genug ist, um die Elektricität zu leiten und in den Baumsaft gelangen zu lassen. — Gepflanzte Bestände gewähren diesen Vortheil oft schon vom zehnten Jahre ihrer Anlage an. — Die Föhrenbestände mit ihrer lichten Benadelung und dem geringen Schatten, welchen sie geben, sind von den Nadelhölzern am wenigsten zur Ausgleichung geeignet. Immerhin funktioniren auch sie noch besser als Laubhölzer. — Bei diesen sind es namentlich die massige, rundliche Krone und die flächenartige Ausbreitung der Aeste, welche nachtheilig wirken, abgesehen von der Blattform.

Stockausschläge auf Schlagflächen verhindern die Bildung vom siebenten Altersjahre an, wenn sie hoch liegen und ordentlich geschlossen sind. Deshalb fand Becquerel in **Frankreich** höchstens eine 6jährige Periode von jährlich wiederkehrenden Hagelschlägen, gleich wie wir dies im Aargau konstatiren konnten. Es ist dies eben auch jenes Alter der Stockausschläge, in welchem in der Regel völliger Schluss eingetreten ist. —

Theorie und Erfahrung decken sich hier in vollkommen befriedigender Weise und geben uns wichtige Fingerzeige, wie wir durch *Regularisirung der Bewaldung auf den Höhen und Vermeidung von Kahlschlägen an gefährlichen Stellen die Hagelschläge von den Thalschaften in nicht gar ferner Zeit abhalten, und wie wir die Heftigkeit auch der blossen Regengewitter bedeutend mildern können.*

V. Kapitel.

Die Schliessung der Hagelstriche durch Aufforstung von Waldlücken und andere forstwirthschaftliche Maassnahmen.

———

Leider sind verschiedene Hagelschläge von geringerer oder grösserer Ausdehnung, welche in dem abgewichenen Jahrzehnt niedergegangen sind, mit Bezug auf ihren Schaden nicht speciell abgeschätzt worden und können daher zur Bestimmung des Gesammtschadens für diese nicht völlig gleichwerthige Zahlen, verglichen mit den abgeschätzten Hagelschlägen, verwendet werden. Immerhin mag hier eine bauschale Schätzung jener Hagelschläge nach den Berichtgaben der Förster und nach der Flächenausdehnung Platz finden, um ein Bild zu geben von der Beeinträchtigung der Bodencultur und besonders der Landwirthschaft durch Hagelschlag während eines gewissen Zeitraums.

Die verschiedenen Hagelschläge haben geschadet:

1.	Muri und Umgebung	3. Juni 1867	Frcs. 130,000
2.	Benzenschwyl	25. Juli 1869	- 20,000
3.	Muri und Umgebung	29. Mai 1871	- 40,000
4.	Bezirk Aarau, Lenzburg u. Brugg	28. Juli 1872	- 250,000
5.	Wölflinswyl und Oberhof	28. Aug. 1873	- 20,000
6.	Bezirk Muri und Bremgarten	14. Juli 1873	- 1,600,000
7.	Bezirk Rheinfelden	id.	- 17,169
8.	Bezirk Muri	24. Juni 1874	- 10,000
9.	Wiggerthal	10. Juli 1874	- 30,000

Frcs. 2,117,169

			Uebertrag Frcs. 2,117,169
10.	Ruederthal	16. Juli 1874	- 10,000
11.	Bezirk Lenzburg	16. Juli 1874	- 30,000
12.	Schupfart	21. Juli 1874	- 10,000
13.	Bezirk Bremgarten	7./8. Juli 1875	- 400,164
14.	Wittnau bis Siggenthal	24. Juli 1876	- 400,000
15.	Ober-Freiamt	1. Juni 1877	- 100,000
16.	do.	28. Mai 1878	- 10,000

Summa Frcs. 3,077,333

Von diesen Hagelschlägen verdanken die Mehrzahl, insbesondere die bedeutenden Hagelschläge No. 6, 13 und 14 mit circa $2^1/_2$ Millionen Schaden, ihre Entstehung mehr oder weniger gewissen Holzschlägen, wie wir dies in der speciellen Beschreibung nachgewiesen haben. Der Rest rührt von Lücken in der Bewaldung auf der Uebergangsstelle des Gewitters her, die schon lange bestanden haben.

Wer erschrickt und erstaunt nicht ob der Perspective, welche sich uns eröffnet, wenn wir bedenken, dass dieselbe Unkenntniss der Beziehungen der Bewaldung zu den Hagelschlägen, welche uns schon so grossen Schaden verursacht hat auch in andern Kantonen, in der ganzen Eidgenossenschaft, ja in ganz Europa jährlich unzählbare Millionen Werthe an Bodenerzeugnissen als Opfer heischt. Wir müssen es leider bekennen, dass der viel verbreitete Volksglaube, welcher die Wälder als Schutzwehren gegen Hagelschlag bezeichnet, viel zu wenig von Seiten der Gelehrten und Forstmänner beachtet worden und allzulange nicht einer eingehenden Prüfung unterstellt worden ist. Wir müssen bekennen, dass die moderne Forstwirthschaft mit ihrer äusserst intensiven Benutzung der Wälder, mit ihren Kahlschlägen und landwirthschaftlichen Zwischennutzungen, mit ihrem Streben, dem Waldboden den höchsten Material- und Geldertrag abzugewinnen, viel und oft gesündigt hat gegen die weise Naturordnung, welche die Erhaltung der Wälder zum Grundpfeiler aller Fruchtbarkeit gemacht hat. Freilich müssen wir entschuldigend beifügen, dass es bisher schlechterdings nicht gelingen wollte, wissenschaftliche Gründe für die Ansicht zu gewinnen, dass gewisse Waldbestände die Hagelschläge abhalten können und hat namentlich uns die Physik allzulange ganz ungenügende Anhaltspunkte für das Verständniss der

Gewitter - Erscheinungen geboten. Uebrigens sind zweierlei Errungenschaften, welche erst der Neuzeit angehören, für die Erforschung dieser Beziehungen zwischen der Bewaldung und den Niederschlägen, insbesondere des Hagels, absolutes Erforderniss und konnte ohne diese Hülfsmittel früher in der That dieser Wissenszweig kaum gefördert werden. Es sind dies die modernen Verkehrsmittel, die Eisenbahnen und Telegraphen und die modernen Specialkarten. Ohne die ersteren würde es schwer, rechtzeitig den oft entfernt wirkenden Ursachen der Hagelschläge beizukommen und ohne die letzteren wäre es nicht leicht möglich, ihre Beziehungen zum Boden und seiner Bewaldung zu übersehen. Dass in beiden Richtungen unser kleines Land bevorzugt ist, das beweist ein Blick auf die beigefügten schönen Karten und ein Blick auf das darin verzeichnete Eisenbahnnetz. Auf die Förderung der Erkenntniss des Wesens der Hagelschläge haben in unserem Kanton überdies noch vortheilhaft gewirkt ein interessantes und günstiges Terrain, ein intelligentes Volk und tüchtige strebsame Forstbeamte. Spät haben die Forstleute diesen hochwichtigen Einfluss des Bodens und seiner Bewaldung auf die Gewitter und insbesondere die Hagelschläge erfasst, doch sie haben ihn erfasst und von nun an soll diese Erkenntniss dem Lande auch Früchte tragen. Wir und mit uns alle diejenigen, welche sich mit der Frage der Hagelschläge befasst haben, leben der Ueberzeugung, dass wir durch die Aufforstung gefährlicher Waldlücken auf den Höhen, Hagelschläge inskünftig von den Thalschaften abhalten können. Ferner können wir durch Vermeidung von grösseren Kahlschlägen auf bewaldeten Höhen die Bildung von Hagelwettern verhindern. Wir können wohl nie die Entstehung und den Verlauf von Regengewittern verhindern, denn diese beruhen auf einem unabänderlichen Naturgesetz. Aber wir können es in den meisten Fällen verhindern, dass aus einem gewöhnlichen Gewitter ein Hagelwetter entstehe. Wir brauchen nur durch gute Bewaldung der Höhen an den Hauptübergangsstellen der Gewitter für möglichst gute Elektricitäts - Ausgleichung zu sorgen und die Kahlschläge zu vermeiden, welche bisher in viel zu grosser Ausdehnung eingelegt wurden.

Es wäre wahrhaftig wenig gewonnen, wenn es uns blos gelänge, die Hagelschläge in gewisse Thalschaften einzugrenzen, wo sie dann einen um so grösseren Schaden anrichten würden. Dadurch würde nur auf wenige Schultern das Leid abgeladen, was viele zusammen doch am leichtesten tragen können. Glücklicherweise aber lehrt uns die Statistik, dass in gut und zweckmässig bewaldeten Gegenden die Hagelschläge viel seltener sind, als in schlecht oder unrichtig bewaldeten Gegenden. Wir wissen ja auch aus den vorigen Kapiteln, dass in jedem einzelnen Falle eines Hagelschlages kahle Hochflächen die Hauptursache waren. *Vermeiden wir kahle Hochflächen, reguliren wir die Vertheilung unserer aargauischen Wälder,* welche der blinde Zufall oder die Habsucht Einzelner, oder die Nachlässigkeit einer gleichgültigen Gemeinde-Behörde ohne Rücksichtnahme auf das allgemeine Wohl so disponirt haben, wie sie heute liegen. Legen wir da Waldbestände an, wo wir solcher zum Schutz gegen Hochgewitter und anderer klimatischer Einflüsse bedürfen und geben wir da die Wälder der Landwirthschaft zurück, wo diese die Herrschaft haben darf und soll.

Modificiren wir unsere forstwirthschaftlichen Systeme nach den Erfordernissen der neu-gewonnenen Einsicht in die Rolle der Wälder im Haushalt der Natur. Verlassen wir die Kahlschlagwirthschaft im Hochwald und kehren wir wieder zur natürlichen Verjüngung mit allmähligem Abtrieb und zu einem System geregelter Plänterung in Hochlagen zurück.

Im Ausschlagwald muss ein System von Wechselschlägen dafür sorgen, dass nie und nirgends zu grosse kahle Flächen bei einander entstehen und müssen zahlreiche Oberständer die Rolle des Hauptbestandes vorübergehend übernehmen. Insbesondere sind in Bergeinsattelungen und sogenannten Gewitterlöchern alle durchgehenden Kahlschläge zu unterlassen. Dabei braucht man keineswegs die Interessen des Waldeigenthümers empfindlich zu schädigen, sondern es sind dieselben blos mit den Erfordernissen des allgemeinen Interesse zweckmassig zu combiniren.

Dabei begegnen wir aber einem grossen Uebelstand, dessen Beseitigung indessen wohl im Bereiche der Möglichkeit liegt und der in der politischen Organisation unseres Landes liegt. Eine ziemliche Anzahl von Hagelschlägen, die in unserm Kanton aufgetreten sind, haben ihre Entstehungsursachen ausserhalb der Kantonsgrenzen im Kanton Baselland, im Kanton Solothurn oder im Kanton Luzern. Insbesondere sind es die schlecht bewaldeten Gebiete um den Sempacher- und Baldeggersee, welche für das

Freiamt und den südlichen Kantonstheil überhaupt gefährlich sind. Eine Regularisirung der Bewaldung in jenen Gegenden liegt aber ausser der Wirkungssphäre aargauischer Behörden und können diese in anderen Kantonsgebieten die Interessen ihrer Landwirthschaft nicht schützen. In einer ähnlichen Situation sind alle Kantone, besonders aber die kleineren. Es müsste daher die Bundesgewalt hier vermittelnd auftreten. Dies könnte wohl geschehen auf Grund des Artikel 23 der Bundesverfassung, welcher bestimmt:

„Dem Bunde steht das Recht zu, im Interesse der Eidgenossen-„schaft oder eines grossen Theiles derselben auf Kosten der Eid-„genossenschaft öffentliche Werke zu errichten oder die Errichtung „derselben zu unterstützen. Zu diesem Zwecke ist er auch befugt, „gegen volle Entschädigung das Recht der Expropriation geltend „zu machen. Die näheren Bestimmungen hierüber bleiben der „Bundesgesetzgebung vorbehalten."

Wir glauben, dass an der Hand dieser Bestimmungen die Angelegenheit auf eidgenössischem Boden zu einer richtigen Lösung gelangen kann, glauben jedoch nicht, dass der Zweck dieser Arbeit einstweilen so weit gehe, die weiteren Maassnahmen nach dieser Richtung zu behandeln. Es handelt sich zunächst darum, die Kenntniss der Thatsachen zu verbreiten und auf dem Gebiete unseres Kantons die wünschbaren Schutzvorkehrungen zu treffen. Diese müssen bestehen:

1. In der Aufforstung gewisser hochgelegener Waldlücken durch die Gemeinden und

2. In Maassnahmen der Forstaufsicht zur ausgedehnteren und wirksameren Anwendung des § 48 des Forstgesetzes, welcher lautet:

> Waldungen auf Anhöhen, welche erfahrungsgemäss gegen Hagelgewitter schützen, sollen so bewirthschaftet werden, dass ihr Bestand der Gegend möglichst lange den nöthigen Schutz zu erhalten vermag.

In Bezug auf die Aufforstung von Waldlücken ist zu bemerken, dass diese insofern keine erheblichen Schwierigkeiten bietet, als in sehr vielen Fällen das betreffende offene Land den Gemeinden gehört und eine Aufforstung jederzeit von den Behörden angeordnet werden kann. Aber auch da, wo das Land in solchen hoch gelegenen Waldlücken Privaten gehört, erscheint die Erwerbung derselben durch die Gemeinden nicht schwierig. Denn dieses Land zeichnet sich in der Regel aus durch sehr geringe Fruchtbarkeit. Es ist in der Regel wasserarm. humusarm und so sehr den Winden ausgesetzt, dass darauf kein Obstbaum gedeihen will und auch die meisten andern landwirthschaftlichen Produkte sehr gering ausfallen. In der Regel hat dieses offene Land nicht mehr Werth als gewöhnlicher Holzboden und muss es vom Standpunkt der einfachen Landökonomie aus als ein Missgriff bezeichnet werden, dass dieses Land jemals urbarisirt worden ist. Schon die einfachste Rücksicht auf Schutz der tiefer liegenden Grundstücke gegen Wind und auf die Erhaltung der Bodenfeuchtigkeit verlangt die Wiederaufforstung solcher Flächen, geschweige denn die viel gebieterische Rücksicht auf Abhaltung von Hagelschlägen. Die Aufforstung selbst müsste natürlich mit Nadelholz: Fichten, Tannen und Föhren geschehen, weil die Nadelbäume den meisten Einfluss auf die Gewitter ausüben. Dabei ist freilich auch durch Einmischung von Eichen an den Rändern die Widerstandskraft der Anlage gegen die Stürme thunlichst zu vermehren.

Diese Aufforstungen würden da, wo es sich um Gemeindeland handelt, keinen Centime kosten, weil die Gemeinden in der Regel genug Pflanzenvorrath haben und weil die Culturen leicht im Gemeindewerk ausgeführt werden könnten. Für den Ausfall an offenem Gemeindeland könnte ein Ersatz in tiefer gelegenen Waldstücken gesucht werden, welche geschlagen und zur Urbarisirung bestimmt werden könnten.

Da wo das aufzuforstende Land in Privathänden ist, da müsste es durch die Gemeinden erworben werden und zwar nöthigenfalls auf dem Wege der Expropriation, der zulässig erscheint. Zur Beschaffung der nöthigen Geldmittel könnte diesen in bescheidenem Maasse die Führung ausserordentlicher Holzschläge gestattet oder der Verkauf von anderem Waldboden bewilligt werden. Jedenfalls hat die Ausführung der proponirten Maassregeln keinerlei Schwierigkeiten und könnte sie in fünf Jahren überall durchgeführt sein. Die Wirkung der Aufforstungen im Sinne der Verminderung und Abschwächung der Hagelschläge dürfte dann freilich erst in 15 bis 20 Jahren von jetzt ab erwartet werden und hätte inzwischen die Hagelversicherung noch ihre gute Existenzberechtigung.

Was sodann die Maassnahmen zur ausgedehnteren und wirksameren Anwendung des § 48 des Forstgesetzes anbetrifft, so ist die Staatsbehörde in der vortheilhaften Lage, keinerlei gesetzgeberischer Erlasse zu bedürfen. Denn die Bewirthschaftung der Staats- Gemeinde- und Corporationswaldungen steht unter der Aufsicht und Leitung eines geschulten Personals und bedarf es blos einer entsprechenden Weisung der Verwaltung um die früher begangenen aber erst jetzt als solche erkannten Fehler in der Schlagführung zu vermeiden. Aber auch die Privatwälder stehen in forstpolizeilicher Hinsicht unter Aufsicht des Staates und findet der § 48 auch auf diese Anwendung, wie dafür bereits ein Fall im Kulmerthal vorliegt.

Wir gelangen nun zu folgenden *Anträgen:*

A.

Es sei die Aufforstung folgender Waldlücken den betreffenden Gemeinden in Auftrag zu geben:

I. Im I. Forstkreis.

a) Im Gemeindebann Zuzgen ist auf dem Plateau östlich vom Dornhof ein entsprechend breiter Waldmantel anzulegen und sind die Intervalle in der Bergwaldung zu schliessen.   5 ha.

b) Im Gemeindsbann Wegenstetten sind die kahlen Höhen des Albistenacker und der Efermatt zu bewalden.   10 ha.

c) Im Gemeindsbann Schupfart und im Gemeindsbann Gipf-Oberfrick ist die kahle Höhe des Wollberg und Schönbühl durch eine 100 m breite Waldanlage zu bedecken, so dass der Thiersteinbergwald mit den unteren Wäldern im Moos zusammenhängt.   15 ha.

d) Im Gemeindsbann Wittnau ist der kahle Sattel hinter dem Farnthal bei Fazentellen zu bewalden.   2 ha.

e) Im Gemeindsbann Wölflinswyl sind die zwei Waldlücken gegen Kienberg und Anwyl auf der Höhe Kohlenen (Im Erli) und auf Rueb aufzuforsten.   5 ha.

f) Im Gemeindsbann Herznach sind die Waldlücken bei Angerhölzli und bei der Wasserscheide zu bewalden.   5 ha.

In Summa 42 ha.

2. Im II. Forstkreis.

a) Im Gemeindsbann Kaisten. Aufforstung der kahlen Höhe des Bottlerhau gegen Oeschgen und des Wolfgarten.   15 ha.

b) Im Gemeindsbann Hottwyl. Aufforstung der Laubberg-Ebene.   5 ha.

c) Im Gemeindsbann Mandach. Aufforstung der Wessenberghöhe 4 ha, der Oberrütihöhe 6 ha,   10 ha.

d) Im Gemeindsbann Ober-Bötzberg. Aufforstung des Hommel und der Lezi.   15 ha.

e) Im Gemeindsbann Linn bessere Bewaldung der Aufstiege aus dem Zeiher-Thal.   10 ha.

f) Im Gemeindsbann Gallenkirch. Gleiches   5 ha.

g) Im Gemeindsbann Unter-Bötzberg. Vermehrung der Bewaldung und Schliessung von Lücken.   10 ha.

In Summa 70 ha.

3. Im III. Forstkreis.

Im Gemeindsbann Rohrdorf. Schliessung der Waldlücke auf dem Heitersberg beim Sennhof.   10 ha.

Schliessung eventuell noch anderer später zu bestimmender Waldlücken.

4. Im IV. Forstkreis.

a) Im Gemeindsbann Schafisheim. Aufforstung der sogenannten Schafisheimer Lücke.   2 ha.

b) Im Gemeindsbann Birrwyl. Schliessung der Waldlücke im Moos.   2 ha.

c) Im Gemeindsbann Reinach. Aufforstungen am Homberg zur Verminderung der Beinwyler Lücke.   15 ha.

d) Im Gemeindsbann Menziken-Burg. Schliessung der Waldlücke beim Bleiwald.   5 ha.

Summa 24 ha.

5. Im V. Forstkreis.

a) Im Gemeindsbann Gränichen. Aufforstungen auf dem Herdenberg und Hochspühl.   10 ha.

b) Im Gemeindsbann Unter-Kulm und Schöftland. Aufforstungen bei der Hochwacht im Böhler.   15 ha.

c) Im Gemeindsbann Kirchleerau. Aufforstungen im Benkelloch.   10 ha.

d) Im Gemeindsbann Schmidrued. Aufforstungen gegen Kulmerau.   3 ha.

e) Im Gemeindsbann Williberg. Aufforstungen am Plateaurand.   5 ha.

Summa 43 ha.

6. Im VI. Forstkreis.

a) In den Gemeindsbännen Anglikon und Niederwyl. Schliessung der verschiedenen Waldlücken auf der Bergeinsattelung zwischen beiden Gemeinden.   15 ha.

b) In den Gemeindsbännen von Unter-Berikon und Rudolfstetten. Schliessung der Waldlücken auf dem Muttscheller beidseits der Strasse Bremgarten-Zürich.   15 ha.

c) In der Gemeinde Hilfikon. Aufforstung des oberen Sandbühl.   3 ha.

d) Im Gemeindsbann Sarmenstorf. Wiederaufforstung des Tägerli.   5 ha.

e) Im Gemeindsbann Bettwyl. Anlage eines 100 m breiten Waldstreifens über die kahle Bettwyler Höhe.   10 ha.

f) Im Gemeindsbann Buttwyl. Aufforstungen beim Bad Schongau und beim Brandholz.   8 ha.

g) Im Gemeindsbann Beinwyl. Aufforstung der Waldlücken beim Grodhof, bei der Sommeri und Ober-Illau.   14 ha.

h) In den Gemeindsbännen Abtwyl und Klein-Dietwyl. Schliessung der Waldlücken beim Hof Kramis im Fenkrieder-Moos und südwestlich der Klein-Dietwyler Gemeindewaldung.   20 ha.

Summa 90 ha.

Total der Aufforstungen . . . . 280 ha.

B.

Es seien alle Höhen, welche im südlichen Kantonstheil die einzelnen Seitenthäler des Aarethales von einander trennen, insbesondere aber der Lindenberg mit seiner nördlichen Fortsetzung und der Heitersberg mit seiner südlichen Fortsetzung, als solche Höhen .zu bezeichnen, deren Bewaldung im Sinne von § 48 zu bewirthschaften und zu erhalten ist. Ebenso seien die Jurahöhen und besonders diejenigen auf der Wasserscheide zwischen dem Ergolz- und Frickthal in dieselbe Kategorie zu versetzen. Es seien daher alle grösseren und durchgehenden Kahlschläge auf diesen Höhen zu untersagen und sei das Oberforstamt zu beauftragen, soweit nöthig, bestehende Wirthschaftspläne in diesem Sinne zu revidiren und überhaupt die zweckmässig scheinenden Hiebs- vorschriften zu erlassen und deren Ausführung speciell zu über- wachen.

Additional information of this book

(Die Hagelschläge und ihre Abhängigkeit von Oberfläche und Bewaldung des Bodens im Kanton Aargau; 978-3-662-24109-7) is provided:

http://Extras.Springer.com